本书是国家自然科学基金面上项目（41771565和41971222）、2022年度河南省高等学校智库研究项目（No.2022ZKYJ06）的研究成果

城市雾霾污染：时空特征、绿色技术效率及驱动机制

梁流涛　高攀　刘琳轲◎著

Urban Haze Pollution：Temporal and
Spatial Characteristics，Green Technology
Efficiency and Driving Mechanism

中国经济出版社
CHINA ECONOMIC PUBLISHING HOUSE

·北京·

图书在版编目（CIP）数据

城市雾霾污染：时空特征、绿色技术效率及驱动机制／梁流涛，高攀，刘琳轲著 . -- 北京：中国经济出版社，2023.6

ISBN 978-7-5136-7281-8

Ⅰ . ①城… Ⅱ . ①梁… ②高… ③刘… Ⅲ . ①城市空气污染-污染防治-研究-中国 Ⅳ . ①X51

中国国家版本馆 CIP 数据核字（2023）第 063667 号

责任编辑　牛慧珍
责任印制　马小宾
封面设计　任燕飞

出版发行　中国经济出版社
印 刷 者　北京富泰印刷有限责任公司
经 销 者　各地新华书店
开　　本　710mm×1000mm　1/16
印　　张　15
字　　数　230 千字
版　　次　2023 年 6 月第 1 版
印　　次　2023 年 6 月第 1 次
定　　价　88.00 元

广告经营许可证　京西工商广字第 8179 号

中国经济出版社 网址 www.economyph.com 社址 北京市东城区安定门外大街 58 号 邮编 100011
本版图书如存在印装质量问题，请与本社销售中心联系调换（联系电话：010-57512564）

前 言
preface

对雾霾污染的关注源于 2014 年和 2015 年冬季连续多日出现雾霾天气，对生产和生活造成了较为严重的影响，雾霾污染成为公众和政府共同关注的焦点。鉴于有环境经济学和资源管理的学科背景，2016 年作者开始围绕雾霾污染展开研究，2017 年以全球历史 $PM_{2.5}$ 年平均栅格数据集为基础提取了长时间序列的城市面板雾霾污染数据，随后又在 2018 年提取了更新至 2016 年的数据。作者及团队基于 1998—2016 年地级及以上城市雾霾污染面板数据围绕雾霾污染开展了一系列研究。本书是对这些研究成果的集成和深度探索。主要内容是：在探讨多尺度雾霾污染时空格局及演变规律的基础上，定量测度雾霾污染影响下的城市技术效率，探寻建设用地景观格局对雾霾污染的影响机理和路径，并提出雾霾污染治理的政策建议。雾霾污染经济分析是一个十分复杂的理论和实践课题，涉及社会经济因素和自然因素的方方面面。鉴于此，本书依照时空特征—经济影响—驱动机制的思路对雾霾污染相关问题展开研究，具有一定的创新性和特色，主要体现在以下几个方面：

（1）从多空间尺度的视角探讨雾霾污染时空格局。从单一尺度视角对雾霾污染时空特征开展的研究存在难以兼顾整体格局或局部细微特征、对雾霾污染协同治理支撑不足的缺陷。虽然当前不同的研究组合在一起也包含了不同尺度，但不同研究的数据来源不同，结果也差异较大，很难通过整合的方式获取不同空间尺度的雾霾污染时空特征。基于此，本研究统一数据来源，基于多空间尺度的视角，从地级城市、城市群、典型城市群三个层面对雾霾污染时空格局进行综合分析，详细把握雾霾污染的整体格局与局部细微特征，以期为雾霾污染协同治理提供支撑。

（2）当前对于绿色技术效率的测度只考虑了环境维度非期望产出和经

济产出。结合绿色发展的内涵，本研究扩展了城市绿色技术的内涵，同时考虑了环境维度的非期望产出、经济产出以及社会维度产出。对于社会维度的产出指标，本研究创新性地利用社会发展指数来表征。

（3）雾霾污染的影响因素是多方面的，当前的研究更多考察经济社会因素对雾霾污染的影响。建设用地在雾霾污染产生中具有重要作用，但目前从建设用地景观格局视角考察其对雾霾污染影响的研究还不够系统，有限的文献也主要是孤立、静止和零散的研究，难以对雾霾污染治理与高质量发展提供支撑。因此，本研究重点考察建设用地景观格局对雾霾污染的影响，从结构、布局和形状三个层面分析建设用地景观格局对雾霾污染的作用机理，并结合空间计量模型对建设用地景观格局与 $PM_{2.5}$ 的关系展开深入剖析。

本书是国家自然科学基金面上项目（41771565 和 41971222）、2022 年度河南省高等学校智库研究项目（No. 2022ZKYJ06）的研究成果。在研究的过程中，课题组成员郑保利、周笑影、石妞、刘蕾、袁香丽、李向龙、何斌杰全程参与数据解译、提取及典型地区调研，并参与了部分典型地区雾霾污染的数据处理与分析以及制图等工作。王海荣参与了第 2 章、第 3 章及第 6 章的撰写，高攀参与了第 5 章及第 3 章部分内容的撰写，刘琳轩参与了第 4 章的撰写，研究生李刚、郝铭、康迪和李妞参与了文献梳理、参考文献格式整理、书稿校对与排版工作，在此对他们的辛苦付出一并表示感谢。

本书对中国城市雾霾污染时空特征及雾霾污染影响下的绿色技术效率、建设用地景观格局视角的驱动机制展开详细探讨，以期为我国雾霾污染治理贡献有价值的研究成果，也希望能够为雾霾污染治理政策创新及相应的公共政策制定提供有价值的参考。

梁流涛

2022 年 7 月 1 日于汴

目　录
contents

第1章

绪　论

1.1 研究背景与研究意义

1978年改革开放以来,我国经济发展取得了巨大成就,综合国力逐步增强,已经成为世界第二大经济综合体,经济发展速度远超其他国家[①],短短几十年的成就已经可以与西方几百年成果相媲美[②]。城市化发展迅速,城市化水平由改革开放初期的17.9%提高到2020年的63.89%,提高了45.99个百分点,预期到2050年我国平均城市化率将达到80%以上[③]。但必须看到,此过程中也产生了严重的生态环境问题,空气质量恶化逐渐成为我国城市发展中的首要生态环境问题[④][⑤]。构成大气污染物的物质种类繁多,但当下引起我国城市环境质量下降的主要物质则是以$PM_{2.5}$为代表的细颗粒物[⑥]。雾霾像是一个隐形"杀手",时刻影响和威胁着人们的身体健康。在这样的背景下,雾霾污染成为公众和社会关注的焦点,"雾霾"也成为近些年来高频出现的一个词。雾霾污染与能源使用、排放污染不达标等问题有着千丝万缕的联系,是如今经济社会发展所产生的较为明显的副作用之一。环境保护部(2018年更名为生态环境部)公布的《环境空气质量标

---

① 周侃,樊杰.中国环境污染源的区域差异及其社会经济影响因素:基于339个地级行政单元截面数据的实证分析[J].地理学报,2016,71(11):1911-1925.

② 顾朝林,吴莉娅.中国城市化研究主要成果综述[J].城市问题,2008,43(12):2-12.

③ 高春亮,魏后凯.中国城镇化趋势预测研究[J].当代经济科学,2013,35(4):85-90,127.

④ 王洋,王少剑,秦静.中国城市土地城市化水平与进程的空间评价[J].地理研究,2014,33(12):2228-2238.

⑤ Han L, Zhou W, Li W, et al. Impact of urbanization level on urban air quality: A case of fine particles $PM_{2.5}$ in Chinese cities[J]. Environmental Pollution, 2014(194):163-170.

⑥ 李小飞,张明军,王圣杰,等.中国空气污染指数变化特征及影响因素分析[J].环境科学,2012,33(6):1936-1943.

准》(GB 3095—2012)指出：$PM_{2.5}$是指大气中粒径小于等于 2.5μg/m³ 的颗粒物，由于其具有粒径小、活性强、分布范围广的特点，会严重影响空气质量和能见度[1]；另外，$PM_{2.5}$具有较强的吸附、携带能力，且在空气中可以长时间停留，不易消散。因此，$PM_{2.5}$常常附带有害物质，对人类健康产生不利影响。比如，$PM_{2.5}$可以通过入侵支气管和肺泡进而引发呼吸系统和心血管系统疾病，严重者甚至会引发恶性肿瘤[2][3][4][5]。相关研究表明，$PM_{2.5}$能够破坏人体免疫系统，是引发呼吸系统和心血管系统等疾病的罪魁祸首[6]，并大幅度增加暴露人群的死亡风险；同时也会对其笼罩的地区造成不可估量的经济损失。

近年来 $PM_{2.5}$污染事件的频发，再加上它高危害性的特点，逐渐引起了社会各界的广泛关注[7][8]。我国非常重视城市雾霾治理，出台了一系列的环境保护法律、法规与大气防控长效措施，并大力推进国家产业与能源结构调整升级。2012 年 3 月环境保护部颁布、实施新版《环境空气质量标准》[9]，将 $PM_{2.5}$平均浓度值增设为常规监测指标，此举标志着 $PM_{2.5}$正式成为我国大气污染治理、防控的重点对象。2013 年 9 月国务院发布《大气污

---

① Pope C A, Burnettrt, Thun M J, et al. Lung cancer, cardiopulmonary mortality, and long-term exposure to fine particulate air pollution[J]. Jama, 2002, 287(9): 1132-1141.

② 刘岩磊, 孙岚, 张英鸽. 粒径小于2.5微米可吸入颗粒物的危害[J]. 国际药学研究杂志, 2011, 38(6): 428-431.

③ 孙萌, 吕吉元, 张明升, 等. $PM_{2.5}$不同成分在体染毒对大鼠肾血管环收缩—舒张反应 NOS/NO 的影响[J]. 中西医结合心脑血管病杂志, 2011, 9(5): 564-566.

④ 刘芳盈, 丁明玉, 王菲菲. 燃煤 $PM_{2.5}$不同组分对血管内皮细胞的毒性[J]. 环境科学研究, 2011, 24(6): 684-690.

⑤ 刘芳盈, 王菲菲, 丁明玉, 等. 燃煤细颗粒物对血管内皮细胞 EA. hy926 的细胞毒性[J]. 中国环境科学, 2012, 2(1): 156-161.

⑥ 王艳琴. GB 3095—2012《环境空气质量标准》将分期实施[J]. 中国标准导报, 2012(4): 4-5.

⑦ Wu D, Bi X Y, Deng X J, et al. Effect of atmospheric haze on the deterioration of visibility over the pearl river delta[J]. Journal of Meteorology, 2007, 21(2): 215-223.

⑧ 车汶蔚, 郑君瑜, 钟流举. 珠江三角洲机动车污染物排放特征及分担率[J]. 环境科学研究, 2009, 22(4): 456-461.

⑨ 中华人民共和国环境保护部. GB 3095—2012《环境空气质量标准》[M]. 北京: 中国环境科学出版社, 2012.

染防治行动计划》①，将我国城市雾霾治理分为三个阶段②：①起步阶段。2002 年以前，这个时候我国雾霾治理还处于萌芽阶段，绿色发展理念逐渐深入人心，国家鼓励相关科研工作者加强对雾霾污染防治研究，并投入充足资金支持研究工作，将有效防治技术进行推广使用。同时，国家推出防霾相关政策，为治霾提供了有效保障与依据。②发展阶段。2002—2012 年是我国雾霾治理工作持续推进阶段，经过前期探索，逐渐找到了适合自己的治理方式。国家在此阶段将工作重点放在产业结构改革上，鼓励企业在生产过程中将环境保护放在第一位，绝对不能以牺牲环境来换取经济利益。同时国家也出台了部分相关法律法规，为雾霾治理提供了更加科学的理论标准。③快速发展阶段。2013 年开始，我国进入雾霾治理蓬勃发展阶段，众多法律法规的制定为我国雾霾治理工作提供了强大后盾，使治理工作更加严谨和规范。国家要求每个部门、每个企业都制定适合自身发展的严格标准，在实际工作中都要有规可依。"十二五"期间国家相继出台了一系列的环境保护法律、法规与大气防控长效措施，将污染物排放与地方、部门、企业考核挂钩，并设定各个污染指标最大排放值。同时加大力度调整产业结构与能源结构，使 SO_2、SO_x 与粉尘污染排放明显下降。

虽然我国采取了严格的雾霾污染治理措施，但并没有达到预期效果，与公众对环境质量的期望值仍有较大差距。环境保护部数据显示，2017 年我国地级以上城市 $PM_{2.5}$ 年均浓度值为 $43\mu g/m^3$，相比 2012 年的 $72\mu g/m^3$ 下降了 40.3%，大气污染治理效果显著。但在全国 338 个地级及以上城市中，2017 年有 239 个城市的空气质量未能达到标准，不达标率高达 71%；各城市重度污染发生天数为 1509 天，严重污染发生天数为 802 天；在重度及以上污染发生天数中，以 $PM_{2.5}$ 为主要污染物的重度及

---

① 中华人民共和国环境保护部. 国务院关于印发大气污染防治行动计划的通知[EB/OL]. (2013 - 09 - 10)［2019 - 03 - 21］. http://fgs.mee.gov.cn/fg/gwyfbdgfxwj/201811/t20181129_676555.html.

② 严雅雪，李琼琼，李小平. 中国城市雾霾库兹涅茨曲线的区域异质性研究[J]. 统计与决策，2021(2)：60-64.

以上污染发生天数占据了总体的 75%。可见，我国 PM$_{2.5}$ 污染情况依然十分严峻。

技术手段对雾霾污染的防控具有重要的支撑作用，但国际经验和我国特殊国情表明，充分发挥雾霾污染政策和制度的作用也是非常有必要的。虽然在实践中各地非常重视政策创新在雾霾治理中的作用，但有时会过于强调本地区和本部门在雾霾治理中的作用，反而忽略了不同地区、不同部门的协同治理以及联防联治。现有的研究对此关注较少，在有限的成果中也不够深入系统，对协同治理的支撑基础和微观机制关注不够，致使提出的雾霾污染协同治理策略不具有可执行性。可见，探讨雾霾污染协同治理的支撑基础和微观机制具有重要的理论和现实意义，能够为雾霾有效协同治理提供技术支撑。因此，本书拟在厘清多尺度雾霾污染时空特征基础上，详细阐述雾霾污染对经济社会的影响，从建设用地景观格局的视角探讨雾霾污染的经济社会形成机理，探寻雾霾污染、雾霾治理与城市高质量发展的关系，最后提出雾霾污染协同治理的框架与路径，以期为城市雾霾污染协同治理与城市高质量发展政策的制定提供技术支撑。

1.2 主要研究内容

在探讨多尺度雾霾污染时空格局及演变规律的基础上，定量测度雾霾污染影响下的城市绿色技术效率，探寻建设用地景观格局对雾霾污染的影响，最后提出雾霾污染的协同治理路径和公共政策体系。主要研究内容包括：

（1）基于多尺度的城市雾霾污染时空格局及演变规律研究

为了弥补单一尺度分析雾霾污染时空特征可能存在的缺陷，本研究从多个空间尺度更全面地解析城市雾霾污染的时空特征及其演变。首先，以地级城市为单元，综合应用多种空间分析方法，探寻中国地级及以上城市 PM$_{2.5}$ 污染的时空格局及演变规律；其次，以城市群为研究单元，探讨中国 19 个城市群雾霾污染时空演变特征；最后，分析典型城市群（中原城市群、京津冀城市群和珠江三角洲城市群）的雾霾污染时空特征。

（2）雾霾污染约束下的城市绿色技术效率时空特征及驱动因素异质性分析

综合考虑经济产出、社会维度产出和环境维度非期望产出（雾霾污染），在 SBM 框架下测度城市绿色技术效率。以中国 19 个城市群为研究对象，从城市群整体和城市群内部两个层面探讨中国城市群绿色技术效率时空特征，并利用时空地理加权回归模型探讨中国城市群绿色技术效率影响因素及其异质性；最后将绿色技术效率与不考虑雾霾污染下的城市绿色技术效率进行比较。

（3）雾霾污染驱动机制研究

基于建设用地景观格局的视角分析雾霾污染驱动机制。首先，构建建设用地景观格局对 $PM_{2.5}$ 污染影响的作用机理框架；其次，选择污染程度不同的京津冀地区和珠三角地区为案例区，结合空间自相关分析和空间计量模型深入探讨建设用地景观格局对 $PM_{2.5}$ 的影响，并比较不同案例区模型结论；最后，引入时空地理加权模型综合考量京津冀地区建设用地景观格局对 $PM_{2.5}$ 影响的时间差异性和空间差异性。

1.3 研究思路

本研究采取总体把握、重点突破和总结归纳的思路，在理论基础梳理和文献回顾的基础上开展三个方面的研究：第一，城市雾霾污染多尺度时空格局分析；第二，雾霾污染影响下城市绿色技术效率的测度及分析；第三，建设用地景观格局对 $PM_{2.5}$ 污染的影响，以及影响因素时空异质性分析。具体研究思路见图 1-1。

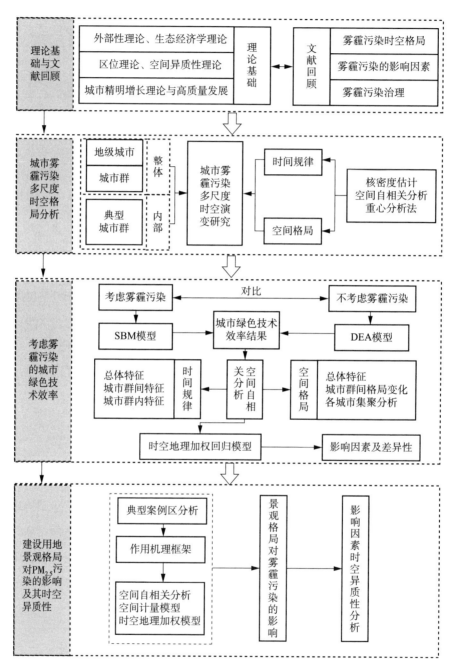

图 1-1 研究思路

第2章

理论基础与文献回顾

2.1 理论基础

2.1.1 外部性理论

英国经济学家马歇尔最早提出"外部经济"理论，随后其学生庇古对该理论进行了研究并进一步发展，在此基础上提出了"外部不经济"，20世纪70年代外部性理论逐渐成熟。外部性（externative effects）是指一个经济单位的活动对其他经济单位造成了有利或有害的影响，却没有为之承担相应的成本费用或没有获得相应报酬的现象。外部性按照对外部影响的差异，可分为正的外部性和负的外部性。正的外部性是指某个经济个体对其他经济个体的福利产生有利的影响，负的外部性是指某个经济个体对其他经济个体的福利产生负的影响。一般来说在外部性存在的情况下，会使私人边际效益与社会边际效益之间以及私人边际成本与社会边际成本之间发生偏差。当一个经济主体仅考虑自身利益而忽略外部性对其他经济主体带来的负面影响时，就会使生态资源配置不当，造成资源的大量浪费和生态环境破坏。雾霾污染作为一种重要的污染类型，其产生也与负的外部性有很大的关系。

2.1.2 生态经济学理论

1966年美国经济学家肯尼斯·鲍尔丁发表了一篇题为《一门科学——生态经济学》的重要论文，标志着生态经济学的诞生。1976年日本坂本藤良的《生态经济学》出版，是世界上第一部内容较为完整的生态经济学专著。而生态经济学真正成为一门学科的标志是1989年 *Ecological Economics*

刊物的创办，著名生态经济学家罗伯特·科斯坦在这本刊物上给出了生态经济学的概念，他认为当前世界面临着很多问题，如酸雨、全球变暖、物种灭绝等，但是没有学科可以全面地解释这些问题，而生态经济学正好扩展了这些交叉要素，从最广泛意义上阐述了生态系统和经济系统之间的关系，并且运用多个学科研究方法来研究生态经济问题。我国生态经济学兴起于 20 世纪 80 年代初，多位学者对生态经济学做了探索和挖掘，最终形成被大多数人认可的生态经济学定义。生态经济学是研究生态经济系统运动发展及其运作机理的科学，其核心是用经济学理论研究生态经济这一复合系统发展的规律。生态经济学具有理论和实践应用的二重性，是与资源环境经济研究相互作用具有生态间断性和极限存在的学科。生态经济学的目标是实现经济生态化、生态经济化和生态系统与经济系统协调发展。经济生态化是指采取相关措施使经济活动对生态环境的损害降到最低；生态经济化则说明不能免费使用生态资源，因为这些资源既有生态价值，又有经济价值；生态系统与经济系统协调发展是实现人与自然和谐发展、促进经济与生态良性循环的前提。以生态经济学理论为基础，可以对生态系统服务进行量化，实现生态经济化，从而促进经济生态化，最终实现经济系统与生态系统良性发展。

2.1.3　区位理论

区位理论来源于德国冯·杜能的农业区位理论，杜能认为农业生产方式空间配置与距离城市远近有着一定关系，他的《孤立国对农业和国民经济之关系》是迄今为止第一部研究区位对生产选址影响的著作。1909 年德国阿尔申尔德·韦伯提出了"工业区位论"，指出当企业选择自己的区位时，应该尽可能降低生产成本，特别是要最大限度地降低运费以获得最大利润，其理论的中心思想是通过分析各因素之间的关系，找出企业生产工业产品时所能消耗的最低成本，并找出工业企业进行生产活动时的最理想地点，每个企业都应该着力寻找最能节约成本的地点进行生产活动。1933 年德国克里斯塔勒提出"中心地理论"，他以研究地区是一个同质平原，人口分布均匀，居民有着相同收入水平和消费模式，交通系统趋于统一，对同等规模城市方便性相同，交通成本与距离呈正相关关系，制造商和消费者是经济人，普通货物可以自由移动到四面八方，不受任何关税或非关税壁垒限制为假设，提出每个点都有相同机会接受一个中心位置，相对于进入任何其他点，只直接与距离有关，而且无论方向如何，都有统一交通面。1940 年奥古斯特·廖什提出了"市场区位论"，他认为大多数工业选址都是以能够在市场区域内以最少成本获取最大利润为前提，以此为最终目标，学者们提出市场区位理论。廖什的"市场区位论"影响巨大，使理论分析扩展到市场，并且从分析单个厂家扩展到对整个行业进行分析。此后又有诸多学者从多个角度、多种深度探讨工业选址区位问题，将区位理论研究推向了新层次。

2.1.4　城市精明增长理论与高质量发展

在 20 世纪 90 年代末，美国多数城市规模快速扩张，通过扩张向郊区蔓延，这种扩张非常盲目，大量农田被侵占，城市空间范围越来越大，并引致一系列问题，人们工作和生活地点之间距离越来越远，导致各类能源被消耗得越来越快。与此同时，欧洲的"紧凑发展"理念开始盛行，许多城市建设非常紧凑，建筑密度高，人们工作与生活地点之间距离非常近，是适合生存的理想空间。在这样的背景下，"紧凑发展"理念被人们所推崇。美国人民逐渐明白了现阶段自己国家发展方式的错误，于是通过学习和借鉴欧洲经验提出了城市发展理论，即"城市精明增长理论"。该理论的核心是要求一个城市充分利用内部空间进行发展，不追求盲目扩张，在城市现有建筑基础上进行修建，集中建设、不建新建筑，基础设施建设要节约成本，使人们生产生活距离尽可能缩小，最终达到保护耕地和自然环境的目的。

高质量发展是我国深度总结改革开放以来经济社会发展的经验与教训，适应新时代社会主要矛盾，应对经济发展新要求的战略理念。改革开放以来，我国城市建设速度与日俱增，经济发展势头更是迅猛[①]。但透过快速建设与发展应该看到，在进入中国特色社会主义新时代之前，我国城

---

① 方创琳. 中国新型城镇化高质量发展的规律性与重点方向［J］. 地理研究，2019，38（1）：13-22.

市发展主要依托于高能耗、高污染的模式。这种长期粗放型经济模式，为我国经济带来了显著的增长动力，但相伴相生地也引发了如土地、能源等资源严重浪费、收入差距扩大、生态环境恶化等一系列问题①。进入新时代以来，我国社会主要矛盾发生变化，旧的经济发展模式难以应对新的挑战。基于此，国家提出的"两山理论""山水林田湖生命共同体"等一系列发展理念陆续践行，这体现了党中央高度重视生态环境保护与治理的决心，也为城市经济发展转型奠定了基础。2017 年，党的十九大报告中创新性地提出符合我国国情的国家发展理念——高质量发展，并提出要建立一套绿色低碳且循环发展的经济体系。高质量发展理念的提出揭示了我国由单纯追求经济增长向高质量发展模式的转变，为我国城市经济发展模式全方位转型指明了方向，是在综合考虑我国经济发展思想、理念、道路、模式、政策等基础上衍生出来的经济发展新模式，是对"发展是硬道理"这一思想的再一次升华。屠启宇等认为这种具有中国特色的经济发展新模式是由过去高投入、高产出向更重视经济密度、生态效益和社会效益的一次伟大转变②。高质量发展理论是包含"创新、协调、绿色、开放、共享"五大内涵的新发展理念，其本质是以人民为中心的发展③，具有战略连续性、创新性、系统性、动态性与长期性等特征④⑤。在城市发展上，该理论不仅要求改善与提升城市经济、社会、生态、基础设施等，而且强调城市内部、外部之间各系统的协同作用⑥。基于这一点，城市高质量发展与城市精明增长具有一定的关联性，在推进城市高质量发展的过程中需要两个理论有机结合。

---

① 王琳，马艳. 中国共产党百年经济发展质量思想的演进脉络与转换逻辑[J]. 财经研究，2021，47(10)：4-18，34.

② 屠启宇，李健，等. 特大城市高质量发展模式：功能疏解视野的研究[M]. 上海：上海社会科学院出版社，2018：263.

③ 田秋生. 高质量发展的理论内涵和实践要求[J]. 山东大学学报(哲学社会科学版)，2018(5)：1-8.

④ 何立峰. 深入贯彻新发展理念 推动中国经济迈向高质量发展[J]. 宏观经济管理，2018，412(4)：4-5，14.

⑤ 刘元春. 构建高质量发展的"现实落点"[J]. 领导科学，2018，702(1)：20.

⑥ 方创琳. 黄河流域城市群形成发育的空间组织格局与高质量发展[J]. 经济地理，2020，40(6)：1-8.

2.1.5 空间异质性理论

随着景观生态学研究的不断深入与发展，相关领域的专家、学者发现生态系统在空间上呈现出大小不一、形状各异的缀块和格局①。这些缀块和格局会随着时间的推移发生复杂的、难以预料的变化，进而导致生态系统在空间上呈现出异质性和不平衡性②，目前空间异质性已经成为生态学研究领域一项十分普遍且重要的原理。在早期的生态学研究过程中，由于空间异质性理论发展相对滞后以及为了研究的简化和便捷，人们通常以生态系统组分之间具有同质性和相互独立性为前提假设③。但是，生态系统无论在何种空间尺度下都是具有异质性的，这一特性正是生态系统正常运行的基础，如物质循环、能量交换、种群发展等④。生态学专家逐渐认识到早期的这种研究假设存在偏误，并开始将空间异质性理论纳入研究体系中。经过多年的发展，有关空间异质性的定义、定量化以及所产生的生态学效应有了突飞猛进的发展，空间异质性成为景观生态学研究领域的核心问题之一⑤⑥。

关于空间异质性的定义不同学者有不同的说法⑦⑧。总的来说，具有不同属性的各生态系统及其组成部分在不同空间位置上所表现出来的复杂性和变异性即为空间异质性；其中生态系统属性是指组成生态系统的各生态因子的属性，如土地利用模式、生物多样性、土壤养分含量以及人类活动强度等；复杂性和异质性则分别是对生态系统属性的定性和定量描述。关

---

① Wu J , Loucks O. From balance of nature to hierarchical patch dynamics：A paradigm shift in e-cology[J]. The Quarterly Review of Biology，1995(70)：439-466.

② Sparrow A D. A heterogeneity of heterogeneities[J]. Trends in Ecology & Evolution，1999(14)：422-423.

③ 陈玉福，董鸣. 生态学系统的空间异质性[J]. 生态学报，2003(2)：346-352.

④ Levin S A. The problem of pattern and scale in ecology[J]. Ecology，1992(73)：1943-1967.

⑤ Turner M G. Landscape ecology：The effect of pattern on process[J]. Annu. Rev. Ecol. Syst.，1989(20)：171-197.

⑥ Pickett S T A，Cadenasso M L. Landscape ecology：Spatial heterogeneity in ecological systems[J]. Science，1995(269)：331-334.

⑦ Wu J G. Landscape ecology[M]. Beijing：Higher Education Press，2000.

⑧ Li H，Reynolds J F. On definition and quantification of heterogeneity[J]. Oikos，1995(73)：280-284.

于空间异质性的定性分析主要分为两种类型,一种侧重于结构,另一种侧重于功能①②③。针对结构特征进行的生态系统空间异质性分析被称为空间结构异质性分析;针对功能、过程进行的空间异质性分析则被称为空间功能异质性分析。关于空间异质性的定量分析也分为两种类型④:一种是空间特征的定量分析,这一过程主要运用数学方法展开研究,如利用信息指数、分数维、变异系数等对景观特征在空间上的变异程度进行定量化分析,空间特征的定量化分析对于研究景观的空间分布格局具有重要意义,也可对不同尺度范围内的空间变异程度进行测度。将这些定量信息与生态效应相结合,可以有效地探测某种景观格局对生态系统的影响和作用过程。另一种是空间比较定量分析,是基于空间特征定量分析,对各生态因子及其属性在空间上的变异程度进行对比。其途径主要有三种:一是对同一系统内同一因子的时间变化效应进行测度;二是同一因子不同系统不同空间位置之间的比较;三是对同一空间位置上不同因子之间关系的探析。

2.2 文献回顾

雾霾污染是当前我国大气污染防治的重点与难点,也是公众关注的焦点和热点。在这样的背景下,国内众多学者从不同角度对雾霾污染展开了研究。本书主要从雾霾污染时空格局、雾霾污染的影响因素、雾霾污染治理三方面对已有相关文献进行梳理。

---

① Dutilleul P, Legendre P. Spatial heterogeneity against heteroscedasticity: An ecological paradigm versus a statistical concept[J]. Oikos, 1993(66): 152-171.

② Kolasa J, Rollo C D. Introduction: The heterogeneity of heterogeneity. A glossary. In Kolasa J and Pickett S T A, eds. Ecological heterogeneity[M]. New York: Springer-Verlag, 1991: 1-23.

③ Hutchinson G E. The concept of pattern in ecology[J]. Proceedings of the National Academy of Sciences (USA), 1953(105): 1-12.

④ Turner M G, Gardner R H. Quantitative methods in landscape ecology: An introduction. In: Turner M G and Gardner R H. eds. Quantitative methods in landscape ecology: The analysis and interpretation of landscape heterogeneity[M]. New York: Springer-Verlag, 1991: 3-16.

2.2.1 雾霾污染时空格局

2.2.1.1 全国层面

在全国层面，学者发现我国雾霾污染浓度变化在时空分布上表现出了一定的规律性。如王少剑等[①]基于 2015 年全国 324 个城市的 $PM_{2.5}$ 监测数据，王振波等[②]基于 2014 年全国 190 个城市的 $PM_{2.5}$ 监测数据，对我国雾霾污染时空分布特征进行分析研究，均发现：我国雾霾浓度在季节时间尺度上呈现冬季最高、夏季最低的"U"形特点，并在月时间尺度上呈现"U"形逐月变化的特征，王振波等还研究了雾霾污染浓度日变化规律，发现在日时间尺度上呈现周期性 U-脉冲型逐日变化特点；在空间变化上，两位学者均发现京津冀地区是我国雾霾污染重点区域，全国总体呈现雾霾浓度东高西低、北高南低的特征，并以胡焕庸线为东西分界线，以长江为南北分界线。刘晓红利用 2014—2016 年我国城市监测的 $PM_{2.5}$ 与 PM_{10} 日数据，以月为时间尺度研究发现我国雾霾污染浓度呈现夏季最低，冬季最高的"U"形特征；雾霾污染浓度低值区主要分布在南部沿海，浓度高值区主要分布在北部沿海与黄河中游，全国呈现"北高南低"的态势[③]。王美霞采用哥伦比亚大学和巴特尔研究所公布的 2001—2012 年卫星监测 $PM_{2.5}$ 浓度年均值的栅格数据进行分析，发现我国雾霾污染最严重的区域主要集中在华北、华东以及中部地区，且相邻地区雾霾污染变化存在相互作用、相互影响关系，交互影响程度与距离呈现倒"U"形关系[④]。

① 王少剑，高爽，陈静. 基于 GWR 模型的中国城市雾霾污染影响因素的空间异质性研究 [J]. 地理研究，2020，39(3)：651-668.

② 王振波，方创琳，许光，等. 2014 年中国城市 $PM_{2.5}$ 浓度的时空变化规律[J]. 地理学报，2015，70(11)：1720-1734.

③ 刘晓红. 中国城市雾霾污染的时空分异、动态演化与影响机制[J]. 西南民族大学学报(人文社科版)，2019，40(2)：98-113.

④ 王美霞. 雾霾污染的时空分布特征及其驱动因素分析：基于中国省级面板数据的空间计量研究[J]. 陕西师范大学学报(哲学社会科学版)，2017，46(3)：37-47.

2.2.1.2 区域层面

有学者从城市群、重点区域角度对雾霾污染时空分布进行研究[①]。如杨兴川等[②]、赵安周等[③]以京津冀城市群为案例区，发现该地区雾霾污染浓度存在明显的时间变化规律：在季节时间尺度上呈现出冬季高、夏季低的特征，在月时间尺度上表现出连续"U"形波动的变化规律，在日时间尺度上春夏季和秋冬季表现出了不同的波动特征；以燕山—太行山脉为分界线，京津冀地区雾霾污染浓度可分为高值区与低值区，呈现东南向西北递减的态势。受城市发展的影响，京津冀地区城市内部的雾霾浓度存在差异，其中市中心区域为老城区的城市雾霾污染浓度最高。周伺等以长江经济带三大城市群为研究区，结果表明 $PM_{2.5}$ 浓度总体呈下降趋势，长江以北空气污染较长江以南地带更为严重[④]。王振波等则发现我国 19 个城市群在 2000—2015 年 $PM_{2.5}$ 浓度呈现波动增长趋势，京津冀城市群是全年污染核心区；在空间上以胡焕庸线为界呈现东高西低的格局，城市群空间差异性显著且不断扩大[⑤]。丁俊菘等基于 2015—2018 年黄河流域 71 个市域单元的 $PM_{2.5}$ 面板数据，研究发现黄河流域年均 $PM_{2.5}$ 浓度呈下降趋势，季度 $PM_{2.5}$ 浓度呈现单峰谷特征，月度 $PM_{2.5}$ 浓度呈"U"形分布，地区分布存在明显空间正自相关性[⑥]。李建明等选取 1998—2015 年长江中游城市群地级及以上城市雾霾污染的面板数据，分析了雾霾污染的时空分布特征，发现

① Shen Y, Zhang L, Fang X, et al. Spatiotemporal patterns of recent $PM_{2.5}$ concentrations over typical urban agglomerations in China[J]. Science of the Total Environment, 2019(655): 13-26.

② 杨兴川，赵文吉，熊秋林，等. 2016 年京津冀地区 $PM_{2.5}$ 时空分布特征及其与气象因素的关系[J]. 生态环境学报，2017，26(10): 1747-1754.

③ 赵安周，相恺政，刘宪锋，等. 2000—2018 年京津冀城市群 $PM_{2.5}$ 时空演变及其与城市扩张的关联[J]. 环境科学，2022，43(5): 2274-2283.

④ 周伺，张帅倩，闫金伟，等. 长江经济带三大城市群 $PM_{2.5}$ 时空分布特征及影响因素研究[J]. 长江流域资源与环境，2022，31(4): 878-889.

⑤ 王振波，梁龙武，王旭静. 中国城市群地区 $PM_{2.5}$ 时空演变格局及其影响因素[J]. 地理学报，2019，74(12): 2614-2630.

⑥ 丁俊菘，邓宇洋，马良. 黄河流域雾霾污染时空特征及其影响因素[J]. 统计与决策，2022，38(6): 60-64.

城市群雾霾污染总体呈现"上升—下降—平稳波动"的变化趋势，雾霾污染水平表现出一定的层级格局[①]。

2.2.1.3 省域和地市层面

有学者以省、市等为单元进行研究，主要探讨 $PM_{2.5}$ 浓度在某一年或几年随季、月、日的变化规律。发现我国雾霾污染浓度在季时间尺度上表现为冬季最高、夏季最低，日浓度变化因季节不同也存在一定的差异。如袭祝香等通过分析吉林省的空气污染情况，发现该省的雾霾空间分布呈现出从东南向西北逐渐递减的特征[②]。王占山等采用2013 年北京市 35 个监测站数据分析发现，在季时间尺度上 $PM_{2.5}$ 浓度表现为冬季最高、夏季最低，并且日浓度变化在季节上存在差异；在月时间尺度上 $PM_{2.5}$ 浓度呈波浪形分布；在空间分布上，北京市雾霾浓度高值区位于东南部、低值区处于西北部[③]。张朝能等基于 2014 年 4月至 2015 年 3 月昆明市主城区雾霾监测站数据分析发现：主城区的雾霾污染浓度在春季最高，夏季最低，$PM_{2.5}$ 日浓度变化表现出双峰单谷型特征。气温、大气压、风力强度等因素在季时间尺度上对雾霾浓度变化具有显著影响[④]。李秋芳等在乡镇尺度下分析 2018 年石家庄市 $PM_{2.5}$ 时空分布特征，结果表明其浓度冬季最高、夏季最低，山区低于平原，主城区低于周边县市[⑤]。

综合以上分析可知，国内外学者针对 $PM_{2.5}$ 时空变化特征展开了一系

① 李建明，罗能生 . 1998—2015 年长江中游城市群雾霾污染时空演变及协同治理分析[J].经济地理，2020，40(1)：76-84.

② 袭祝香，张硕，高晓获 . 吉林省雾霾和雾霾事件的时空特征及评估方法[J]. 干旱气象，2015，33(2)：244-248.

③ 王占山，李云婷，陈添，等 . 2013 年北京市 $PM_{2.5}$ 的时空分布[J]. 地理学报，2015，70(1)：110-120.

④ 张朝能，王梦华，胡振丹，等 . 昆明市 $PM_{2.5}$ 浓度时空变化特征及其与气象条件的关系[J].云南大学学报(自然科学版)，2016，38(1)：90-98.

⑤ 李秋芳，丁学英，刘翠棉，等 . 乡镇尺度下 $PM_{2.5}$ 时空分布：以石家庄市为例[J]. 环境工程技术学报，2022，12(3)：683-692.

列的研究。在研究对象方面，大多针对某一城市或城市群[①②③]。也有学者以省域为单元进行全国层面的研究，但主要是探讨PM$_{2.5}$浓度在某一年或几年内随季、月、日的变化规律[④⑤⑥⑦]，由于时间序列较短，研究单元过大，难以精确揭示PM$_{2.5}$在全国范围内的空间演化特征。因此，亟须加强PM$_{2.5}$浓度长时间序列、较小研究单元（比如地级市）的全国层面时空格局演化的研究。另外，也缺少基于多尺度的对雾霾污染时空特征的综合研究。

2.2.2 雾霾污染的影响因素

2.2.2.1 国外研究现状

国外对PM$_{2.5}$的研究开展较早，尤其是欧美等国家已经在PM$_{2.5}$影响因素方面取得了大量研究成果。依据研究内容可以将之概括为两个方面：

（1）PM$_{2.5}$浓度变化与自然因素相关性的研究。Marcazzan等[⑧]对PM$_{2.5}$浓度与风速风向的关系进行研究，结果表明PM$_{2.5}$浓度的变化速率对大气

---

① 穆泉，张世秋. 中国2001—2013年PM$_{2.5}$重污染的历史变化与健康影响的经济损失评估[J]. 北京大学学报（自然科学版），2015，51（4）：694-706.

② 孙建如，钟韵. 我国大城市PM$_{2.5}$影响因素的经济分析：基于市级面板数据的实证研究[J]. 生态经济，2015，31（3）：62-65，77.

③ 王占山，李云婷，陈添，等. 2013年北京市PM$_{2.5}$的时空分布[J]. 地理学报，2015，70（1）：110-120.

④ 许珊，邹滨，蒲强，郭宇. 土地利用/覆盖的空气污染效应分析[J]. 地球信息科学学报，2015，17（3）：290-299.

⑤ 张莹，赵燕. 珠三角区域PM$_{2.5}$浓度特征及时空变化规律[J]. 科技与创新，2017（13）：138-139.

⑥ 王振波，方创琳，许光，等. 2014年中国城市PM$_{2.5}$浓度的时空变化规律[J]. 地理学报，2015，70（11）：1720-1734.

⑦ 李沈鑫，邹滨，刘兴权，等. 2013—2015年中国PM$_{2.5}$污染状况时空变化[J]. 环境科学研究，2017，30（5）：678-687.

⑧ Marcazzan G M, Valli G, Vecchi R. Factors influencing mass concentration and chemical composition of fine aerosols during a PM high pollution episode[J]. Science of the Total Environment, 2002, 298(1-3): 65-79.

条件有显著的敏感性，尤其是与风速有较强的相关关系；Degaetano 等[①]对美国纽约每小时 $PM_{2.5}$ 浓度极值的变化与气象因素之间的相关性进行了探讨；Malek 等[②]通过分析美国 2004 年所发生的严重 $PM_{2.5}$ 污染事件，得出气象、地理环境等自然要素是该事件发生的最主要驱动力；Tsai 等[③]通过对 $PM_{2.5}$ 浓度与气象条件、气溶胶、矿物质等因素之间的相关关系进行分析，发现气象因子对 $PM_{2.5}$ 浓度变化具有重要影响；Crawford 等[④]在澳大利亚卢卡斯高地进行的气象因素对 $PM_{2.5}$ 浓度影响机制的研究中发现，不同季节 $PM_{2.5}$ 的主要污染源不同，气温对 $PM_{2.5}$ 浓度会产生显著影响。

（2）社会经济因素与 $PM_{2.5}$ 污染关系研究。Villeneuve 等[⑤]以温哥华为研究区，对 $PM_{2.5}$ 浓度以及社会经济发展水平进行模拟研究，分析两者之间的关系，研究结果表明，社会经济状况对 $PM_{2.5}$ 浓度具有较强影响；Gray 等[⑥]利用贝叶斯模型对社会因素和 $PM_{2.5}$ 污染之间的相关性进行模拟分析，结果证明 $PM_{2.5}$ 浓度与人口出生率以及怀孕周期均有显著相关性；Mardones 等[⑦]对工业用地和居民用地 $PM_{2.5}$ 的排放源及浓度值进行了对比分析，认为不同用地类型所产生的 $PM_{2.5}$ 具有明显差异；Briggs 等[⑧]研究各类出行方式

① Degaetano A T, Doherty O M. Temporal, spatial and meteorological variations in hourly $PM_{2.5}$ concentration extremes in New York City[J]. Atmospheric Environment, 2004, 38(11)：1547–1558.

② Malek E, Davis T, Martin R S, et al. Meteorological and environmental aspects of one of the worst national air pollution episodes (January, 2004) in Logan, Cache Valley, Utah, USA[J]. Atmospheric Research, 2006, 79(2)：1–122.

③ Tsai Y I, Kuo S C, Lee W J, et al. Long–term visibility trends in one highly urbanized, one highly industrialized, and two Rural areas of Taiwan[J]. Science of the Total Environment, 2007, 382 (2–3)：324–341.

④ Crawford J, Chambers S, Cohen D D, et al. Impact of meteorology on fine aerosols at Lucas Heights, Australia[J]. Atmospheric Environment, 2016(145)：135–146.

⑤ Villeneuve P J, Burnett R T, Shi Y, et al. A time–series study of air pollution, socioeconomic status, and mortality in Vancouver, Canada[J]. J Expo Anal Environ Epidemiol, 2003, 13(6)：427–435.

⑥ Gray S C, Edwards S E, Schultz B D, et al. Assessing the impact of race, social factors and air pollution on birth outcomes: A population–based study[J]. Environmental Health, 2014, 13(1)：1–8.

⑦ Mardones C, Saavedra, Andrés. Comparison of economic instruments to reduce $PM_{2.5}$ from industrial and residential sources[J]. Energy Policy, 2016(98)：443–452.

⑧ Briggs D J, Hoogh K D, Morris C, et al. Effects of travel mode on exposures to particulate air pollution[J]. Environment International, 2008, 34(1)：1–22.

所产生的 $PM_{2.5}$ 的差异，认为步行是所有交通方式中最为绿色的出行方式，但其在污染环境中的暴露度也最严重；Alameddine 等[①]结合多元线性模型对交通量、车辆特征、城市通风性等因素对 $PM_{2.5}$ 的影响进行了定量分析，认为车辆特征、道路条件等因素都对 $PM_{2.5}$ 浓度具有显著影响。以上研究都证明了 $PM_{2.5}$ 污染与自然因素、社会经济因素具有紧密联系。

2.2.2.2 国内研究现状

由于我国 2012 年才将 $PM_{2.5}$ 平均浓度值增设为常规大气污染物监测指标。因此，国内关于 $PM_{2.5}$ 形成机理的研究起步较晚。目前，针对 $PM_{2.5}$ 影响因素研究领域的成果主要如下：

（1） $PM_{2.5}$ 污染与自然因素相关性的研究。王一楷等[②]对厦门市冬季 $PM_{2.5}$ 污染情况与气象条件展开定量分析，研究结果表明，在低风速、低气压、高温度、高相对湿度等较稳定的大气条件下易形成高 $PM_{2.5}$ 污染，同时还发现临近内陆的气团轨迹路径为携带污染物的输入路径，沿海路径则属于清洁路径；孟昭伟等[③]对 2015—2018 年西安市莲湖区和雁塔区的 $PM_{2.5}$ 浓度值变化特征及气象条件的影响路径进行了分析，发现在不同季节 $PM_{2.5}$ 浓度表现出不同的特征， $PM_{2.5}$ 日均浓度值在冬季时普遍较高，在夏季时整体处于较低水平，春秋季节则处于中等水平；同时降水量、风速、温度、气压均与 $PM_{2.5}$ 质量浓度水平有显著相关性；姚青等[④]利用相关性分析和主成分分析法并结合地面气象资料及气团移动轨迹对天津地区 2009—2018 年 $PM_{2.5}$ 质量浓度的影响因素展开研究，认为风速、相对湿度以及混

① Alameddine I, Abi Esber L, Bou Zeid E, et al. Operational and environmental determinants of in-vehicle CO and $PM_{2.5}$ exposure[J]. Science of the Total Environment, 2016(551-552): 42-50.

② 王一楷, 张明锋, 陈志彪, 等. 厦门市冬季 $PM_{2.5}$ 污染情境识别及其与气象条件的关系[J/OL]. 环境科学研究: 1-14[2020-02-27]. https: //doi.org/10.13198/j.issn.1001-6929.2020.02.05.

③ 孟昭伟, 雷佩玉, 张同军, 等. 2015—2018 年西安市两城区 $PM_{2.5}$ 质量浓度变化特征及气象影响因素[J]. 卫生研究, 2020, 49(1): 75-79, 85.

④ 姚青, 蔡子颖, 刘敬乐, 等. 气象条件对 2009—2018 年天津地区 $PM_{2.5}$ 质量浓度的影响[J]. 环境科学学报, 2020, 40(1): 65-75.

合层厚度是影响天津地区 $PM_{2.5}$ 质量浓度的主要因素，且不同季节影响程度不同。通过各季节因素对 $PM_{2.5}$ 影响程度的对比分析发现，$PM_{2.5}$ 浓度值在冬季时受到的影响程度普遍较高；沈海波[1]对新郑市 2018 年历次降水前后的 $PM_{2.5}$ 和 PM_{10} 的污染状况进行了对比分析，结果表明，降水对大气颗粒物具有显著的清洁作用，且对于 $PM_{2.5}$ 和 PM_{10} 两种不同类型的颗粒污染物清洁效果也有所不同，降水对 $PM_{2.5}$ 的清洁效率为 16.5%，对 PM_{10} 的清洁效率则为 12.6%，即降水对空气中 PM_{10} 的清除效果相对 $PM_{2.5}$ 来说较差。张卓等[2]在对相对湿度与大气颗粒物之间相关关系的研究过程中发现，当相对湿度增高时，城市空气中的 $PM_{2.5}$ 浓度显著提升，而乡村的 $PM_{2.5}$ 浓度非但没有增加，反而有所下降；李伊明等[3]对呼包鄂地区冬季和夏季 $PM_{2.5}$ 的主要污染源展开分析，结果显示，呼包鄂地区 $PM_{2.5}$ 主要污染源在冬季和夏季呈现出显著的季节差异性，冬季时燃煤为呼包鄂地区 $PM_{2.5}$ 污染的主要来源，夏季时扬尘则是主要的 $PM_{2.5}$ 污染源。

（2）$PM_{2.5}$ 浓度变化与社会经济因素相关性的研究。王振波等[4]以中国城市群为研究区，运用空间分析法分析了中国城市群 $PM_{2.5}$ 质量浓度的时空演变特征以及主要的驱动因子，研究结果表明，工业化、能源结构、人口密度对于 $PM_{2.5}$ 质量浓度具有促进作用，产业结构高级度对 $PM_{2.5}$ 污染具有负向影响，城市化水平在不同地区具有不同的影响方式，具体表现为国家级城市群为负向抑制作用，区域性和地方性城市群则为正向促进作用。吴勋等[5]从政府角度分析了财政分权、地方政府行为对 $PM_{2.5}$ 浓度的影响，发现财政分权和地方政府行为具有显著相关性，财政分权会加剧 $PM_{2.5}$ 的污染状况，地方政府竞争行为则会抑制 $PM_{2.5}$ 浓度的增加。

———————————

① 沈海波. 降水对新郑市大气污染的湿沉降特征[J]. 科技风，2020(1)：126.

② 张卓，王维和，王后茂，等. 相对湿度对吸收性气溶胶指数的影响[J]. 遥感学报，2019，23(6)：1177-1185.

③ 李伊明，彭杏，皇甫延琦，等. 呼包鄂地区沙尘期间大气污染特征研究[J/OL].（2020-01-14）[2020-02-27]. https://doi.org/10.13198/j.issn.1001-6929.2019.09.08.

④ 王振波，梁龙武，王旭静. 中国城市群地区 $PM_{2.5}$ 时空演变格局及其影响因素[J]. 地理学报，2019，74(12)：2614-2630.

⑤ 吴勋，白蕾. 财政分权、地方政府行为与雾霾污染：基于 73 个城市 $PM_{2.5}$ 浓度的实证研究[J]. 经济问题，2019(3)：23-31.

谢志祥等①以河南省为研究区对经济发展与$PM_{2.5}$污染之间的关系展开了定量研究，结果显示，河南省经济发展在对$PM_{2.5}$污染的影响过程中存在显著的门槛效应。经济发展水平对$PM_{2.5}$污染的影响为单门槛效应，当经济发展水平(人均GDP)低于13236元时，经济发展水平对$PM_{2.5}$污染产生正向促进作用，当经济发展水平(人均GDP)高于13236元时，经济发展水平对$PM_{2.5}$污染产生抑制作用。经济发展质量对$PM_{2.5}$污染的影响则存在双重门槛效应，经济发展质量小于29%会促进$PM_{2.5}$污染，当经济发展质量处于29%和33%之间时，其促进作用有所降低，当经济发展质量大于33%时，其对$PM_{2.5}$污染会产生抑制作用。刘子豪等②在对武汉城市圈$PM_{2.5}$污染的时空特征及影响因素研究中发现，民用汽车拥有量、能源消费水平、城镇化率、产业结构以及节能环保支出等因素都对武汉城市圈$PM_{2.5}$污染具有显著影响。王桂林等③在针对$PM_{2.5}$浓度值对城区扩张以及城市空间结构演变的响应机制研究中发现，城市人口、建设用地面积、人口密度、经济发展等社会经济因素都与$PM_{2.5}$污染具有紧密联系，其中经济发展对$PM_{2.5}$的影响最大。

2.2.3 雾霾污染治理

国外由于工业化与城镇化的快速发展，对雾霾污染治理研究较早，如20世纪英国"大雾霾"天气、美国"毒烟雾工厂"、日本"四日市公害"等事件，都促使政府制定大气污染和雾霾治理的法律规范④⑤⑥。目前，国内外

---

① 谢志祥，秦耀辰，张荣荣，等. 河南省经济发展对$PM_{2.5}$污染的门槛效应分析[J]. 环境科学与技术，2019，42(5)：222-229.

② 刘子豪，黄建武，孔德亚. 武汉城市圈$PM_{2.5}$的时空特征及其影响因素解析[J]. 环境保护科学，2019，45(3)：51-59.

③ 王桂林，张炜. 中国城市扩张及空间特征变化对$PM_{2.5}$污染的影响[J]. 环境科学，2019，40(8)：3447-3456.

④ 闫华荣，王慧娟，段妍. 国外空气治理立法对京津冀治理的经验借鉴[J]. 邢台学院学报，2018(12)：106-108.

⑤ 王红梅，谢永乐. 基于政策工具视角的美英日大气污染治理模式比较与启示[J]. 中国行政管理，2019(10)：142-148.

⑥ 林艳，周景坤. 美国雾霾防治技术创新政策经验借鉴及启示[J]. 资源开发与市场，2018(4)：520-525.

学者主要依托于雾霾污染的影响因素进行分析，从而提出雾霾治理政策和建议。比如，陈诗一等①通过对我国长三角与京津冀地区雾霾污染联防联控政策的治理模式、现状、成效等方面进行分析，认为我国雾霾污染治理应以协同治理为主，并提出信息公开、政府主导、多方参与的雾霾治理路径。有学者对我国雾霾污染治理的短板问题进行剖析，并提出采取以经济手段为主、多种手段并用的市场化治理措施，加强雾霾治理的制度建设，建立地区间的联防联控机制②，并对不同分区因素进行量化，分析我国城市雾霾污染的影响，为联防联控政策的制定提供理论借鉴和决策参考③。史海霞等基于雾霾治理政策发布主体、政策规制主体、政策内容针对性和政策内容具体性四个评估维度构建了政策分析框架，发现我国宏观雾霾治理政策体系已逐步完善，各级主体健全④。政府主体可以从利益补偿机制、沟通协调机制、效益评价机制与反馈提高机制四个维度设计雾霾治理机制的总体框架⑤，地方政府可以将雾霾等环境污染治理和本地产业发展结合，形成良性发展格局，促进本地经济发展⑥。关于政策效果评估，魏巍贤等采用一般均衡模型（CGE），对我国能源结构调整、技术进步与雾霾治理的政策组合进行情景分析，发现推进能源结构调整与技术进步是治理雾霾的重要手段⑦。吴妍等针对京津冀地区构建了包括生产、消费、环境税、动态链接等八个模块的可计算动态一般均衡模型，模拟五种政策情景下我国

① 陈诗一，陈登科.雾霾污染、政府治理与经济高质量发展[J].经济研究，2018，53（2）：20-34.

② 蓝庆新，侯姗.我国雾霾治理存在的问题及解决途径研究[J].青海社会科学，2015（1）：76-80.

③ 孙亚男，费锦华.基于机器学习的雾霾污染精准治理[J].资源科学，2021，43（5）：872-885.

④ 史海霞，翟坤周.新时代生态文明视野下雾霾治理政策体系研究：基于政策文本分析[J].治理现代化研究，2019（6）：84-92.

⑤ 姜克隽，代春艳，贺晨旻，等.2013年后中国大气雾霾治理对经济发展的影响分析：以京津冀地区为案例[J].中国科学院院刊，2020，35（6）：732-741.

⑥ 王秦，李慧凤，杨博.雾霾污染的经济分析与京津冀三方联动雾霾治理机制框架设计[J].生态经济，2018，34（1）：159-163.

⑦ 魏巍贤，马喜立.能源结构调整与雾霾治理的最优政策选择[J].中国人口·资源与环境，2015，25（7）：6-14.

雾霾治理路径和对经济产生的影响，并提出相关建议①。有学者构建了"大气十条"政策机制实证模型，石敏俊等②发现该政策在京津冀地区难以实现既定目标。林弋筌等③则发现"大气十条"政策的实施显著降低了 $PM_{2.5}$ 的年均浓度，并对政策机制进行了创新性分析。雾霾污染高效治理是我国深度贯彻生态文明建设理念的一项重要工作，需要久久为功。另外，也有学者认为，以政治性动员、运动式管制等模式治理雾霾污染，可能会在短时间内得到"碧水蓝天"，但从长期来看，这种"政治性碧水蓝天"不仅不能有效治理雾霾，还可能会产生副作用④。

2.2.4　简要评述

可见，当前的研究在城市雾霾污染方面取得了一定成果，但以下几个方面有待加强：一是在空间尺度方面，主要是从单一尺度对雾霾污染的时空特征进行分析。缺少以多尺度单元对城市雾霾污染时空特征的综合分析，事实上，针对 $PM_{2.5}$ 污染的时空演变规律进行分析，是我国大气污染治理进程中不可或缺的举措。但当前更多是从单一尺度进行分析，这往往会掩盖一些重要信息，比如在大尺度层面的分析可能无法兼顾空间格局的零散和局部特征，在小尺度层面的分析无法兼顾空间格局的整体特征；同时从单一尺度进行分析也无法满足不同层次的差异性政策制定的需求，亟待加强此方面的研究。虽然当前不同的研究组合在一起也包含了不同尺度，但由于不同的研究数据来源不同、结果差异较大，很难通过整合的方式获取不同空间尺度的雾霾污染时空特征。基于此，需要统一数据来源，基于多空间尺度的视角对雾霾污染时空格局进行综合分析，详细把握雾霾污染的整体格局与局部细微特征，以期为雾霾污染协同治理提供支撑。二

---

① 吴妍，徐维祥. 基于区域动态 CGE 模型的雾霾治理政策模拟分析：以京津冀地区为例[J]. 浙江树人大学学报(人文社会科学版)，2020，20(4)：71-79.

② 石敏俊，李元杰，张晓玲，等. 基于环境承载力的京津冀雾霾治理政策效果评估[J]. 中国人口·资源与环境，2017，27(9)：66-75.

③ 林弋筌，王镝. 中国"雾霾"治理的政策效果与机制分析[J]. 系统工程，2021，39(4)：10-17.

④ 石庆玲，郭峰，陈诗一. 雾霾治理中的"政治性蓝天"：来自中国地方"两会"的证据[J]. 中国工业经济，2016(5)：40-56.

是当前对雾霾污染驱动机制的研究，更多的是从经济发展、产业结构、制度环境等方面展开探讨，忽略了从城镇建设用地景观格局的视角进行系统性研究。现有文献多是从静态、孤立的角度分析，没有纳入统一的分析框架。同时现有针对景观格局对 $PM_{2.5}$ 污染影响的分析大多为相关性分析和线性计量分析。但土地利用变化对 $PM_{2.5}$ 浓度的影响是一个综合复杂的过程，其不仅受到本地区土地利用类型、规模、景观结构以及相关变量的影响，还会受到邻近地区相关要素的影响。因此，需要将空间概念纳入分析框架中，以便更真实、准确地揭示两者之间的相关关系。

第 3 章

城市雾霾污染多尺度时空格局分析

单一尺度视角的研究存在难以兼顾整体格局或局部细微特征、对雾霾污染协同治理支撑不足的缺陷。如前所述，虽然当前不同的研究组合在一起也包含了不同尺度，但不同研究的数据来源不同、结果差异较大，很难通过整合的方式获取不同空间尺度的雾霾污染时空特征。基于此，本研究统一数据来源，基于多空间尺度的视角，从地级城市、城市群、典型城市群三个层面对雾霾污染时空格局进行综合分析，详细把握雾霾污染的整体格局与局部细微特征，以期为雾霾污染协同治理提供支撑。本章首先介绍数据来源与研究方法，其次以地级城市和城市群为研究单元探讨城市雾霾污染时空特征，分别对应第 2 节和第 3 节内容，最后选择典型城市群（中原城市群、珠三角地区、京津冀地区、黄河流域、长江经济带）探讨雾霾污染时空格局。

3.1 数据来源与研究方法

3.1.1 数据来源、研究对象及预处理

在雾霾数据来源与处理方面，主要包括三种方式：一是监测点实时数据空间插值，但因站点数量少且起步较晚，利用监测点数据无法进行长时间序列的分析，从点到面的数据扩展的相关研究方法也存在诸多弊端。二是采用源清单化学质量平衡法（I-CMB）、大气扩散模型法等建立 $PM_{2.5}$ 污染排放源清单，但此方式因成本过高无法应用到大尺度区域的研究。三是利用遥感影像反演大气气溶胶光学厚度（AOD）估算 $PM_{2.5}$ 浓度，这种方式可以弥补前两种方式的不足，能够准确获取大尺度区域的 $PM_{2.5}$ 数据。哥

伦比亚大学国际地球科学信息网络中心利用 AOD 方法测定了全球 $PM_{2.5}$ 的年均值，并发布了 2001—2012 年全球 $PM_{2.5}$ 的平均栅格数据。2018 年该机构又发布了 1998—2016 年全球 $PM_{2.5}$ 的平均栅格数据，与之前数据相比，更具有现势性，分辨率由 0.1° 提高到 0.01°。基于此，为弥补当前类似研究的数据精度和现势性不足的问题，利用高精度的 1998—2016 年全球 $PM_{2.5}$ 平均栅格数据，将研究单元扩展到多个尺度的综合研究，并综合应用核密度估计、空间自相关分析、热点分析等方法探寻我国城市 $PM_{2.5}$ 污染的多尺度时空格局演变规律。

本书所用 $PM_{2.5}$ 污染数据来自美国国家航空航天局（NASA）发布的 1998—2016 年全球历史 $PM_{2.5}$ 年平均栅格数据集（http：//sedac. ciesin. columbia. edu）。该数据集通过使用地理加权回归法，结合多种卫星仪器（比如中等分辨率成像光谱仪等）反演气溶胶光学厚度获得。该栅格数据具有覆盖范围广（从 55°S 到 70°N）、时间序列长（共计 19 年的数据）、集精度高（分辨率达到 0.01°，即 1km×1km）的特点，非常适合用于大范围尺度的 $PM_{2.5}$ 污染相关研究[1][2][3][4][5][6][7][8][9][10]。在地市尺度以中国全域为研究区域，为精确分析地

① 江佳，邹滨，陈璟雯. 中国大陆 1998 年以来 $PM_{2.5}$ 浓度时空分异规律[J]. 遥感信息，2017，32(1)：28-34.
② 王艳琴. GB 3095—2012《环境空气质量标准》将分期实施[J]. 中国标准导报，2012(4)：4-5.
③ 穆泉，张世秋. 中国 2001—2013 年 $PM_{2.5}$ 重污染的历史变化与健康影响的经济损失评估[J]. 北京大学学报(自然科学版)，2015，51(4)：694-706.
④ 孙建如，钟韵. 我国大城市 $PM_{2.5}$ 影响因素的经济分析：基于市级面板数据的实证研究[J]. 生态经济，2015，31(3)：62-65，77.
⑤ 王占山，李云婷，陈添，等. 2013 年北京市 $PM_{2.5}$ 的时空分布[J]. 地理学报，2015，70(1)：110-120.
⑥ 许珊，邹滨，蒲强，郭宇. 土地利用/覆盖的空气污染效应分析[J]. 地球信息科学学报，2015，17(3)：290-299.
⑦ 张莹，赵燕. 珠三角区域 $PM_{2.5}$ 浓度特征及时空变化规律[J]. 科技与创新，2017(13)：138-139.
⑧ 王振波，方创琳，许光，等. 2014 年中国城市 $PM_{2.5}$ 浓度的时空变化规律[J]. 地理学报，2015，70(11)：1720-1734.
⑨ 李沈鑫，邹滨，刘兴权，等. 2013—2015 年中国 $PM_{2.5}$ 污染状况时空变化[J]. 环境科学研究，2017，30(5)：678-687.
⑩ 周亮，周成虎，杨帆，等. 2000—2011 年中国 $PM_{2.5}$ 时空演化特征及驱动因素解析[J]. 地理学报，2017，72(11)：2079-2092.

级及以上城市 PM$_{2.5}$ 浓度的时空演绎规律，以《中国统计年鉴 2017》为参考标准，将截至 2016 年末的地级及以上的城市都作为统计单元①，最终确定 345 个地级及以上城市为研究对象（包括 293 个地级市、30 个自治州、8 个地区、3 个盟、2 个特别行政区、4 个直辖市和台湾的 5 个城市），再以选取的城市研究区域为掩膜，用 ArcGIS 10.1 的区域统计工具（Zonal Statistics as Table）提取 1998—2016 年各地市 PM$_{2.5}$ 平均浓度值。

依据"十三五"规划中提出的 19 个城市群，在地市尺度数据的基础上通过计算平均值的方式得到城市群的 PM$_{2.5}$ 平均浓度值，用于全国所有城市群及典型城市群的分析。

3.1.2 时空特征分析方法

综合应用核密度估计、空间自相关分析、重心分析等方法对城市雾霾污染多尺度时空特征进行分析。

3.1.2.1 核密度估计

计算某个样本集分布密度函数的方法：一是参数估计，比如似然估计；二是非参数估计，比如核密度估计。非参数估计是根据数据本身的特点、性质来拟合分布，相较于基于假设性检验的参数估计效果更佳。核密度估计（KDE）运用了微积分的近似原理，是对直方图的一个扩展②。核函数和带宽是核密度估计重要的组成部分。常见的有均匀核函数、高斯核函数、三角核函数、伽马核函数等，而带宽与权重的计算有关③④。相关研究

---

① 匡兵，卢新海，周敏，等 . 中国地级以上城市土地经济密度差异的时空演化分析［J］. 地理科学，2017，37（12）：1850-1858.

② 徐玉琴，张扬，戴志辉 . 基于非参数核密度估计和 Copula 函数的配电网供电可靠性预测［J］. 华北电力大学学报（自然科学版），2017，44（6）：14-19.

③ 卢敏，杨柳，王金茵，黄煌，王结臣 . 基于核密度估计的点群密度制图应用研究［J］. 测绘工程，2017，26（4）：70-74，80.

④ 王泽宇，郭萌雨，孙才志，李博 . 基于可变模糊识别模型的现代海洋产业发展水平评价［J］. 资源科学，2015，37（3）：534-545.

表明不同核型的核函数对估计结果的准确性影响很小[1][2][3]。借助 Eviews 8.0 软件利用高斯核函数对中国 345 个地级及以上城市 $PM_{2.5}$ 浓度值进行核密度估计，分别绘制出 1998 年、2002 年、2007 年、2012 年、2016 年的核密度二维图，并把不同的曲线放在一张图上作对比，通过对不同时期曲线的形状、位置、峰值等进行比较，可以分析中国地级及以上城市 $PM_{2.5}$ 浓度的时序演变特征及地域间的演变差异。

3.1.2.2　空间自相关分析

地理学研究中的空间自相关(spatial autocorrelation)一般是指变量之间潜在的(没有明显表现出来的)相互依赖性[4]。本书拟综合运用全局 Moran's I 指数、局部 Moran's I 指数、Getis-Ord Gi* 指数等空间自相关分析指标探索中国地级及以上城市 $PM_{2.5}$ 浓度的空间格局演化特征。

（1）全局空间自相关

全局空间自相关可以表征 $PM_{2.5}$ 污染的空间格局特征，常用 Moran's I 指标度量，计算公式为：

$$I = \frac{n}{s_0} \frac{\sum_{i=1}^{n} \sum_{j=1}^{n} w_{i,j} z_i z_j}{\sum_{i=1}^{n} z_i^2} \tag{3-1}$$

其中：

$$z_i = x_i - \bar{x}, \quad w_{i,j} = 1/d_{i,j}, \quad s_0 = \sum_{i=1}^{n} \sum_{j=1}^{n} w_{i,j} \tag{3-2}$$

式中：n 为地级及以上城市个数；x_i，x_j 分别为第 i 和第 j 个城市 $PM_{2.5}$ 年均浓度值；$\bar{x}$ 为所有城市 $PM_{2.5}$ 浓度的均值；$w_{i,j}$ 为空间权重矩阵。本书

① 曹景林, 邰凌楠. 基于消费视角的我国中等收入群体人口分布及变动测度[J]. 广东财经大学学报, 2015, 30(6): 4-15.

② 潘竟虎, 尹君. 中国地级及以上城市发展效率差异的 DEA-ESDA 测度[J]. 经济地理, 2012, 32(12): 53-60.

③ 狄乾斌. 中国地级以上城市经济承载力的空间格局[A]//中国地理学会经济地理专业委员会. 2015 年中国地理学会经济地理专业委员会学术研讨会论文摘要集. 中国地理学会, 2015: 1.

④ 王红亮, 胡伟平, 吴驰. 空间权重矩阵对空间自相关的影响分析: 以湖南省城乡收入差距为例[J]. 华南师范大学学报(自然科学版), 2010(1): 110-115.

选用基于距离的权重矩阵[1][2]：假设两个城市 $PM_{2.5}$ 浓度的相关程度依赖于两者之间的距离，则表示两者临近的指标是否可以采用距离的倒数。Moran's I 指数是个有理数，经过方差归一化处理后，它的值介于−1 与 1 之间。Moran's I>0 表示空间正相关，其值越大，表明空间相关性越明显；Moran's I<0 表示空间负相关，其值越小，表明空间差异越大；Moran's I＝0 表示空间呈随机性。定义 Moran's I 标准化总计为：

$$z_I = \frac{I - E[I]}{\sqrt{V_I}} \tag{3-3}$$

式中：z_I 为标准差的倍数，用来检验数据的置信水平，$E[I]$ 表示全局 Moran's I 指数的数学期望，$\sqrt{V_I}$ 表示全局 Moran's I 指数的方差。

（2）局部空间自相关

局部空间自相关用以度量区域及其邻域在空间上的相关性或差异性及显著水平，可以说是全局空间自相关的分解形式。常用指标是局部 Moran's I，计算公式为：

$$I_i = \frac{x_i - \bar{x}}{s_i^2} \sum_{j=1, j \neq i}^{n} w_{i,j}(x_j - \bar{x}) \tag{3-4}$$

其中：

$$s_i^2 = \frac{\sum_{j=1, j \neq i}^{n} w_{i,j}(x_j - \bar{x})^2}{n-1} - \bar{x}^2 \tag{3-5}$$

式中：n，x_i 等参数指标含义与上述全局 Moran's I 相同，z_I 可以衡量局部 Moran's I 指数的显著性水平，且计算公式同上。在显著性水平达到一定阈值（本研究设为 p＝0.05）时，其空间关联模式可细分为四种类型[3]：①若 $I>0$ 且 $z_I>0$，为高—高型，$PM_{2.5}$ 浓度值高于均值的单元其邻域值也高于均值，即高值集聚；②若 $I>0$ 且 $z_I<0$，为低—低型，$PM_{2.5}$ 浓度值低于均

① 吴玙，杨婕，张红. 不同空间权重定义下中国人口分布空间自相关特征分析[J]. 地理信息世界，2017，24（2）：32-38.

② Anselin L. Local Indicators of Spatial Association—LISA[J]. Geographical Analysis，1995，27（2）：93-115.

③ 王艳琴. GB 3095—2012《环境空气质量标准》将分期实施[J]. 中国标准导报，2012（4）：4-5.

值的单元其邻域值也低于均值，即低值集聚；③若 $I<0$ 且 $z_I<0$，为低—高型，$PM_{2.5}$浓度值高于均值的单元其邻域值低于均值，即高值被低值包围；④若 $I<0$ 且 $z_I>0$，为高—低型，$PM_{2.5}$浓度值低于均值的单元其邻域值高于均值，即低值被高值包围。其中 $I>0$ 表明存在局部空间正相关，空间上是集聚状态；$I<0$ 表明存在局部空间负相关，空间上是离散状态。

（3）热点分析

与局部 Moran's I 指数相比，Getis-Ord Gi* 指数能进一步说明 $PM_{2.5}$浓度的空间演绎格局。计算公式为：

$$G_i^* = \frac{\sum_{j=1}^n w_{i,j} x_j - \overline{X} \sum_{j=1}^n w_{i,j}}{S \sqrt{\frac{n \sum_{j=1}^n w_i^2 - (\sum_{j=1}^n w_{i,j})^2}{n-1}}} \qquad (3-6)$$

其中：

$$\overline{X} = \frac{\sum_{j=1}^n x_j}{n}; \quad S = \sqrt{\frac{\sum_{j=1}^n x_j^2}{n} - \overline{X}^2} \qquad (3-7)$$

式中：n，x_j 等参数指标含义与上述全局 Moran's I 相同，G_i^* 统计为每个数据集返回一个 Z 值，Z 值计算公式同上，但含义有所不同。对于统计上显著的正 Z 值，Z 值越大，高值集聚性越强，即"热点"，对于统计上显著的负 Z 值，Z 值越小，低值集聚性越强，即"冷点"。

3.1.3 重心分析

重心是一个均衡概念，即与各区域在某一属性值上都保持均衡的点。通过构建重心模型，来进一步探讨雾霾重心在空间上的改变规律①。在二维空间中，重心的计算公式如下：

① 叶明确.1978—2008 年中国经济重心迁移的特征与影响因素[J].经济地理，2012，32（4）：12-18.

$$x_G = \frac{\sum\limits_{i=1}^{n} k_i x_i}{\sum\limits_{i=1}^{n} k_i}; \quad y_G = \frac{\sum\limits_{i=1}^{n} k_i y_i}{\sum\limits_{i=1}^{n} k_i} \tag{3-8}$$

其中，n 为被分析区域的子区域数，(x_i, y_i) 为各子区域的坐标，其特定属性值为 k_i，在本研究中，k_i 值为城市的雾霾浓度值。

3.2 以地级城市为单元的雾霾污染时空格局

利用美国国家航空航天局（NASA）发布的 1998—2016 年全球历史 $PM_{2.5}$ 年平均栅格数据集，以地市为单元，分析城市雾霾污染的时空格局及其演变。

3.2.1 $PM_{2.5}$ 浓度时序变化特征

从全国整体和不同区域两个层面分别分析 $PM_{2.5}$ 浓度的时序变化特征。

3.2.1.1 全国整体变化特征

1998—2016 年中国地级以上城市年均 $PM_{2.5}$ 浓度总体呈现先上升后下降的趋势（见图 3-1）。1998 年的 $PM_{2.5}$ 浓度为 19.61μg/m³，2016 年增加到 29.47μg/m³，研究期内增长了 9.86μg/m³，年均增长 0.55μg/m³。根据其变化趋势可以分为 3 个阶段：①第一阶段（1998—2007 年），此阶段 $PM_{2.5}$ 污染表现为快速增长的态势，2007 年达到峰值，年均增加 1.73μg/m³。②第二阶段（2008—2012 年），此阶段 $PM_{2.5}$ 污染呈现快速下降趋势，年均下降 1.20μg/m³。这可能与 2008 年奥运会的举办有关，在这期间国内加强了对空气污染的防治，关停了大量的污染企业。此外，国务院曾分别于 2010 年和 2012 年发布了防治大气污染相关的重要指示文件，比如《关于推进大气污染联防联控工作改善区域空气质量的指导意见》等，并取得了较显著的成效[①]。③第三阶段（2013—2016 年），2013 年增加到 33.59μg/m³，此后呈现下降的态势，到 2016 年下降到 29.47μg/m³。

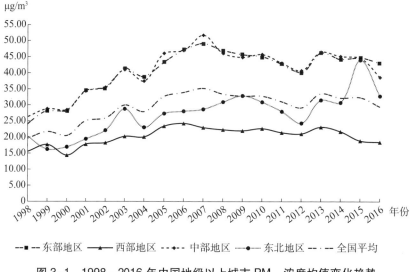

图 3-1　1998—2016 年中国地级以上城市 $PM_{2.5}$ 浓度均值变化趋势

　　为进一步分析中国 345 个地级及以上城市 $PM_{2.5}$ 浓度的时序变化特征，利用 Eviews 8.0 软件绘制中国地级及以上城市 $PM_{2.5}$ 年均浓度的核密度曲线（见图 3-2）。①不同年份曲线左侧的起始值相差不大，几乎重叠在一起，右侧值不断地向右移，说明城市的年均 $PM_{2.5}$ 浓度限值不断增大，由 1998 年的 70μg/m³ 左右增长到 2016 年的 110μg/m³。②随着时间的推移，曲线峰值持续降低，且逐渐由"尖峰"变为"宽峰"，表明 1998 年 $PM_{2.5}$ 浓度集中在 20μg/m³ 的城市数量最多，而此后曲线宽度不断扩大，表明城市数量在 $PM_{2.5}$ 年均浓度值更大的区间集中。③不同年份的核密度曲线的形态差异也较大，1998 年核密度曲线非常陡，主峰对应的核密度远高于其他年份的波峰，说明此时全国 $PM_{2.5}$ 浓度总体较低；2002 年与 1998 年相比，峰值降低，在 22.47μg/m³ 和 44.36μg/m³ 处表现为明显的极化特征，变化区间也明显增加；2007 年与 2002 年相比，波峰显著降低，变化区间略有增加，双峰变为单峰，说明极化现象得到缓解；2012 年与 2007 年相比，由单峰

────────────
　　① 罗毅，邓琼飞，杨昆，等. 近 20 年来中国典型区域 $PM_{2.5}$ 时空演变过程[J]. 环境科学，2018（7）：1-13.

变为双峰，且两波峰较为对称，但 2 个峰值均是相对左移，变化区间也在减少，表明此阶段 $PM_{2.5}$ 污染相对好转；2016 年的波形、峰值均与 2007 年相似，只是第二个波峰右移，与 2012 年相比波峰显著提高，2 个波峰都明显右移，这表明低浓度 $PM_{2.5}$ 的城市开始转为高值区。

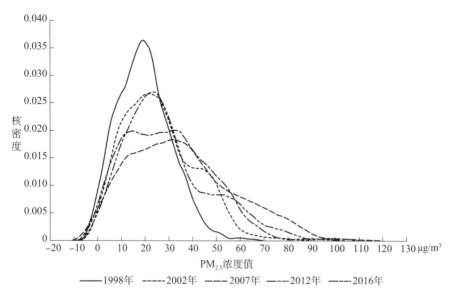

图 3-2　中国地级及以上城市 $PM_{2.5}$ 年均浓度核密度曲线

3.2.1.2　不同区域变化特征

本研究将我国大陆分为东部地区、中部地区、西部地区和东北地区[1]，并将相应的城市归并到相应的区域，据此分析四大区域年均 $PM_{2.5}$ 浓度的时序变化特征。①东部地区和中部地区在研究期内年均 $PM_{2.5}$ 浓度变化趋势与全国平均变化趋势基本一致，整体呈现上升趋势（见图 3-1），东部地区和中部地区在研究期内年均增长速度分别为 $1.00\mu g/m^3$ 和 $0.65\mu g/m^3$。其中 1998—2007 年呈现快速增长趋势，东部地区和中部地区在此期间年均增长量分别为 $2.78\mu g/m^3$ 和 $2.82\mu g/m^3$；2008—2013 年呈下降趋势，东部

---

[1]　按照国家统计局的划分方法，东部地区包括北京、天津、河北、上海、江苏、浙江、福建、山东、广东、海南 10 个省（市）；中部地区包括山西、安徽、江西、河南、湖北、湖南 6 个省；西部地区包括内蒙古、广西、重庆、四川、贵州、云南、西藏、陕西、甘肃、青海、宁夏、新疆 12 个省（市、自治区）；东北地区包括辽宁、吉林、黑龙江 3 个省。

地区和中部地区在此期间年均减少量分别为 $1.47\mu g/m^3$ 和 $1.83\mu g/m^3$；2014—2016 年呈现先增加后减少的态势。另外，需要说明的是，东部和中部地区的内部时序演变趋势也表现为一定的差异性，以东部和中部的重点区域为例进行分析，东部的三大重要经济体（京津冀地区、长三角地区和珠三角地区）$PM_{2.5}$ 浓度整体呈现增加的态势，京津冀和长三角地区的 $PM_{2.5}$ 浓度整体高于珠三角，并且增长速度也高于珠三角，中部的中原城市群、武汉城市群、长株潭城市圈 $PM_{2.5}$ 浓度整体呈现增加的态势，中原城市群的 $PM_{2.5}$ 浓度整体高于武汉城市群、长株潭城市圈，并且增长速度也高于武汉城市群、长株潭城市圈。②西部地区 $PM_{2.5}$ 年均浓度值整体呈现缓慢增长趋势，研究期内年均增长量为 $0.15\mu g/m^3$，远低于东部地区和中部地区，大致可以分为 3 个阶段：1998—2006 年年均增长率为 $0.55\mu g/m^3$；2006—2012 年整体呈下降趋势，年均减少 $0.58\mu g/m^3$；2012—2016 年呈现先增加后减少的倒"U"形变化趋势。③东北地区的 $PM_{2.5}$ 年均浓度研究期内呈现剧烈波动状态，整体呈现增加的趋势，年均增长量为 $0.66\mu g/m^3$，略高于中部地区的年均增长量。

为进一步分析四大区域地级及以上城市 $PM_{2.5}$ 浓度的时序变化特征，分别绘出相应的核密度曲线图（见图 3-3）。东部地区和中部地区核密度曲线的演变具有一定的相似性。1998 年核密度曲线是双峰且较窄，峰值所对应的 $PM_{2.5}$ 浓度在 $20\sim30\mu g/m^3$，呈现低值"俱乐部"收敛特征。1998—2007年核密度曲线波峰持续右移，峰值持续降低并表现出由"尖峰形"向"宽峰形"的变化态势，变化区间不断增加，这表明区域内差距变大，$PM_{2.5}$ 浓度的总体水平此期间不断提高。与 2007 年相比，2012 年和 2016 年峰值波峰都左移，右侧值左移，这表明在此期间雾霾污染在一定程度上得到了缓解。西部地区在 1998 年和 2002 年的核密度曲线趋势相近，在 2007 年和 2012 年的曲线趋势相近。这 4 条核密度曲线都是双峰，第一个波峰对应的 $PM_{2.5}$ 浓度值都是 $10\mu g/m^3$ 左右；对于第二个波峰来说，后两年稍微右移。1998—2007 年核密度值显著降低，说明集中在 $10\mu g/m^3$ 左右的城市数量在减少，2007—2012 年此浓度值对应的核密度值上升，说明该时间段内集中在 $10\mu g/m^3$ 左右的城市数量在增加。西部地区 2016 年的核密度曲线是单峰，峰值在 $17\mu g/m^3$ 左右，说明 2012—2016 年西部地区

PM$_{2.5}$高污染的城市数量在减少。东北地区 1998—2007 年核密度曲线波峰显著右移,对应的 PM$_{2.5}$浓度由 21μg/m^3 增加到 34μg/m^3,尾峰值也随着时间的推移增大了 20μg/m^3 左右。2007—2016 年曲线波峰右移了约 6μg/m^3,2016 年曲线的起峰值达到 11μg/m^3,说明 2007—2016 年东北地区的 PM$_{2.5}$浓度最低值门槛明显抬高,原本污染程度很小的城市情况变得不容乐观。

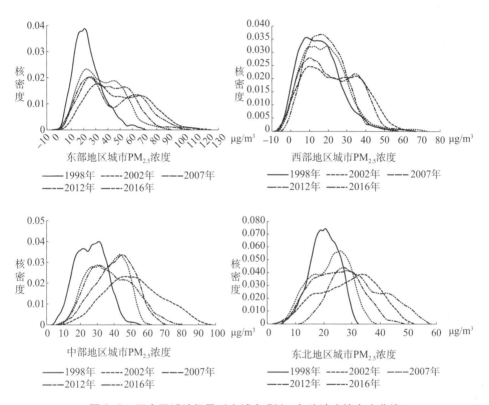

图 3-3 四大区域地级及以上城市 PM$_{2.5}$年均浓度核密度曲线

3.2.2 PM$_{2.5}$污染空间差异特征

3.2.2.1 空间差异及其演化

以《环境空气质量标准》(GB 3095—2012)中 PM$_{2.5}$年均浓度限值为参考标准,将 PM$_{2.5}$年均浓度值由低到高划分为七级:优(一级)、良(二级）、轻度污染（三级）、中度污染（四级）、较高污染（五级）、高污染（六级）、极高污染（七级）[①]。并据此绘制中国全域1998—2016年以3年为一个时间周期的$PM_{2.5}$年均浓度变化情况图。总体来看：①$PM_{2.5}$污染程度为优（一级）和良（二级）的区域主要集中在胡焕庸线以西，这两级的区域面积总体在减少，所占栅格单元比例由1998年的68.5%下降至2016年的56.2%。②中度污染（四级）和较高污染（五级）的区域面积呈扩大趋势，其栅格单元比例由1998年的10.6%上升到2016年的22.2%，增长了11.6个百分点。这些地区主要集中在胡焕庸线以东。③高污染（六级）及以上（$>70\mu g/m^3$）的面积比由1998年的0.05%增加到2016年的1.3%。2007年以后出现的极高污染区（$>100\mu g/m^3$），主要集中在山东西部、河南北部，2004年四川盆地也出现了极高污染现象。因此，总体来看，$PM_{2.5}$低污染（一级和二级）区域主要分布在胡焕庸线以西，高污染（四级、五级、六级和七级）区域主要分布在胡焕庸线以东，并且在空间上呈现扩大的态势。

由以上分析可知，以胡焕庸线为界，在研究期内$PM_{2.5}$污染的总体空间分布趋势一致，但在局部区域却在不断发生变化。结合表3-1可以看出：

（1）1998年，$PM_{2.5}$浓度处于一级（优）的城市有102个，这些城市主要集中在胡焕庸线以西的青海、西藏、新疆大部分地区，如日喀则地区、克拉玛依等，此外，海南和台湾地区的城市也处于一级（优）；$PM_{2.5}$浓度处于二级（良）的城市主要分布在江西、云南、黑龙江、福建、广东等省份，包括134个城市；$PM_{2.5}$浓度处于三级（轻度污染）的城市有73个，主要分布在东北三省、甘肃东南部、宁夏南部、湖南、贵州、广西以及云南南部地区；$PM_{2.5}$浓度处于四级（中度污染）的城市有34个，主要分布在京津冀地区、山东西部、江苏中部、安徽中北部、湖北东部、湖南北部、四川盆地，呈小范围集聚状态；$PM_{2.5}$浓度处于五级（较高污染）的城市数量较少，只有2个：石家庄和济南。1998年所研究的城市中$PM_{2.5}$年均浓度均没有超过$70\mu g/m^3$。

---

① 周磊，武建军，贾瑞静，等. 京津冀$PM_{2.5}$时空分布特征及其污染风险因素[J]. 环境科学研究，2016，29(4)：483-493.

表 3-1　不同级别 PM$_{2.5}$ 浓度的城市数量统计

类型 年份	极高污染 (七级)	高污染 (六级)	较高污染 (五级)	中度污染 (四级)	轻度污染 (三级)	良(二级)	优(一级)
1998	0	0	2	34	73	134	102
2001	0	3	16	61	94	98	73
2004	0	2	24	88	88	80	63
2007	1	30	58	83	67	69	57
2010	0	10	71	72	72	67	53
2013	1	19	58	69	84	63	51
2016	0	12	48	48	87	93	57

(2)2001 年与 1998 年相比，PM$_{2.5}$ 级别为一级(优)、二级(良)的城市数量都明显减少，分别由 1998 年的 102 个、134 个下降至 73 个、98 个，主要分布在内蒙古、甘肃西北部、青海、西藏、四川西部、新疆东南部以及台湾地区；污染程度为三级(轻度污染)、四级(中度污染)、五级(较高污染)的城市数量都明显增加，且增加个数都在 10 个以上，轻度污染分布区与 1998 年相比，扩散至西藏南部、海南北部以及台湾的西部沿海地区；中度污染城市数量增加最多，增加了 27 个，河南中东部、浙江北部、陕西中部 PM$_{2.5}$ 浓度上升为中度污染类型；高污染城市数量由 0 增加至 3 个：廊坊、石家庄、沧州。

(3)2004 年与 2001 年相比，PM$_{2.5}$ 污染程度为一级(优)、二级(良)的城市数量继续减少，分别减少了 10 个、18 个，三级(轻度污染)城市数量也有所下降，减少了 6 个；四级(中度污染)、五级(较高污染)的城市数量继续上升，分别增加 27 个、8 个，2001 年 PM$_{2.5}$ 浓度处于二级(良)、三级(轻度污染)的重庆西南部、广西东部、广东中东部、江西北部、湖南东部等地到 2004 年演变为四级(中度污染)、五级(较高污染)，污染程度和范围都明显扩大；六级(高污染)的城市数量有 2 个：石家庄、济南。此时还未出现浓度值达 100μg/m^3 的城市。

(4)2007 年与 2004 年相比，PM$_{2.5}$ 污染的一级(优)、二级(良)、三级(轻度污染)和四级(中度污染)城市数量都在下降，三级(轻度污染)城市数量降幅最大，达 21 个；与此同时，五级(较高污染)、六级(高污染)的城市数量显著增加，分别增加了 34 个、28 个；五级（较高污染）的城市主要分布在江苏、安徽、湖北的大部分地区，河南南部、湖南中部、重庆西部、四川盆地也有小范围分布；六级（高污染）的城市在京津冀地区、山东西部、安徽北部、河南东北部呈集聚分布态势；石家庄市污染达到七级（极高污染）。这也说明 2004—2007 年我国很多地级及以上城市污染强度显著增加。

（5）2007—2010 年一级（优）、二级（良）城市数量略有下降，分别减少 4 个、2 个，分布范围变化不大；三级（轻度污染）城市增加 5 个，分布范围也基本不变，分布在四级（中度污染）、五级（较高污染）区域周边，有向西、向南扩散的态势；四级（中度污染）城市数量减少了 11 个，大部分随着 PM$_{2.5}$浓度增加转变为五级（较高污染）城市；五级（较高污染）城市数量显著增加，由 2007 年的 58 个增加到 2010 年的 71 个，来源包括低浓度值向高浓度值转变、高浓度值向低浓度值转变两方面；六级（高污染）城市减少了 20 个，主要集中在京津冀地区以及山东西北部。2010 年未出现七级（极高污染）城市。

（6）2013 年与 2010 年相比，一级（优）、二级（良）城市数量继续下降，新疆西北部、西藏东南部、云南北部污染逐渐加剧，由优变为良或轻度污染；三级（轻度污染）城市增加 12 个，主要分布在陕西、甘肃、湖南、贵州、广西、广东一带，东北三省、四川盆地也有少量城市分布；与 2010 年相比，2013 年四级（中度污染）城市数量减少 3 个，分布态势与 2010 年基本一致；五级（较高污染）城市减少 13 个，现主要分布在陕西南部、湖北中部、安徽北部、江苏等地；六级（高污染）城市数量增加了 9 个，增加区域主要在河南北部，如开封、安阳、濮阳等市；污染程度为七级（极高污染）的仍然是石家庄。

（7）2013—2016 年一级（优）、二级（良）、三级（轻度污染）城市数均呈上升趋势，分别增加 6 个、30 个、3 个，分布区域扩展到黑龙江北部、吉林东部、内蒙古东部和南部、福建、海南北部以及台湾地区部分城市；四级（中度污染）、五级（较高污染）、六级（高污染）城市数量均有所下降，分别减少 21 个、10 个、7 个。四级（中度污染）城市主要分布在东北三省中心地带、湖北中东部、安徽西南部、四川盆地等区域；五级（较高污染）

城市主要分布在河南、江苏、安徽、山东的多省邻接地带；六级（高污染）城市仍然集中在京津冀地区；2016 年城市 $PM_{2.5}$ 年均浓度均低于 $100\mu g/m^3$。表明 2013—2016 年 $PM_{2.5}$ 污染强度虽有所下降，但轻度污染范围明显扩大，仍然需要采取必要手段防止雾霾继续侵扰环境净土。

为进一步探究我国 $PM_{2.5}$ 浓度的时空变化特征，将整个研究期分为六个阶段：第一阶段（1998—2001 年）、第二阶段（2002—2004 年）、第三阶段（2005—2007 年）、第四阶段（2008—2010 年）、第五阶段（2011—2013 年）、第六阶段（2014—2016 年），并通过栅格数据分别计算出每个阶段的平均值。用第二阶段年均浓度数据减去第一阶段年均浓度数据反映第二阶段 $PM_{2.5}$ 浓度变化情况，用第三阶段年均浓度数据减去第二阶段年均浓度数据反映第三阶段 $PM_{2.5}$ 浓度变化情况，以此类推，最终得到其他阶段 $PM_{2.5}$ 浓度变化情况。第二阶段（2002—2004 年）与第一阶段（1998—2001 年）相比，胡焕庸线以东的大部分地区 $PM_{2.5}$ 污染呈上升趋势，尤其是河南的中北部、河北南部、山东西北部的 $PM_{2.5}$ 污染增长量均在 $25\mu g/m^3$ 以上。此外，四川中东部、湖南和广西南部的增加幅度在 $0\sim25\mu g/m^3$，海南、台湾呈小幅下降趋势。第三阶段（2005—2007 年）与第二阶段（2002—2004 年）相比，胡焕庸线以东的大部分地区 $PM_{2.5}$ 污染依然呈上升趋势，其中湖南、广西、湖北几乎全域涨幅都超过了 $25\mu g/m^3$，而胡焕庸线以西大部分地区都减少了 $15\mu g/m^3$ 左右。第四阶段（2008—2010 年）与第三阶段（2005—2007 年）相比，胡焕庸线以东的大部分区域 $PM_{2.5}$ 浓度明显下降，其中河南中北部、河北和山西南部、四川中东部、甘肃南部下降了 $25\mu g/m^3$ 左右，而胡焕庸线以西的大部分地区浓度却在增加，增加量在 $15\mu g/m^3$ 左右。第五阶段（2011—2013 年）与第四阶段（2008—2010 年）相比，胡焕庸线以东的大部分区域浓度明显下降，其中，下降区域界线东移，主要集中在广东、湖南、湖北南部、安徽北部以及辽宁、吉林等地区，而胡焕庸线以西的大部分地区浓度却在增加，增加量在 $15\mu g/m^3$ 左右。第六阶段（2014—2016 年）与第五阶段（2011—2013 年）相比，$PM_{2.5}$ 浓度增加和减少的分界线进一步东移，下降区域多于上升区域，东北三省成为 $PM_{2.5}$ 污染增加的重灾区，增加量超过了 $25\mu g/m^3$，东部沿海地区的山东、江苏等地以及新疆西部、西藏北部呈现小幅上升趋势，而浓度下降最多的地区集中在四川东部，下降量在 $25\mu g/m^3$ 以上，中部地区的河南、湖北等地也有不同程度的下降。由以上分析可知，研究期内胡焕庸线以东的大部分区域呈现增—减—增的变化趋势，胡焕庸线以西的大部分区域呈现减—增—减的变化趋势，并且增减的空间分界线逐步东移。

3.2.2.2 全局空间自相关特征

表3-2反映的是1998—2016年部分年份中国地级以上城市 $PM_{2.5}$ 年均浓度的全局 Moran's I 指数变化情况，可以看到，全局 Moran's I 值均通过了1%显著性检验($Z=1.96$ 临界值)，说明中国地级以上城市 $PM_{2.5}$ 在空间分布上存在显著的正相关性，空间集聚现象明显，$PM_{2.5}$ 污染重的城市其邻域城市污染也较严重，污染程度低的城市其邻域城市污染也相对低。全局 Moran's I 指数值总体呈现波动增长状态，由1998年的0.588上升到2016年的0.695，说明 $PM_{2.5}$ 浓度的空间相关性在增强，即空间集聚状态在上升。根据其变化趋势，可以将之分为三个阶段：1998—2010年呈上升趋势，空间集聚程度加强；2010—2014年呈下降趋势，空间集聚程度在减弱；2014—2016年又略上升，说明空间集聚程度又开始增加。

表3-2　1998—2016年部分年份中国地级以上城市 $PM_{2.5}$ 年均浓度的全局 Moran's I 指数

年份	Moran's I	Z 值	P 值	年份	Moran's I	Z 值	P 值
1998	0.588	35.593	0.000	2008	0.698	42.198	0.000
2000	0.601	31.445	0.000	2010	0.708	42.797	0.000
2002	0.654	39.562	0.000	2012	0.700	42.344	0.000
2004	0.651	39.414	0.000	2014	0.689	41.649	0.000
2006	0.683	41.354	0.000	2016	0.695	42.085	0.000

3.2.2.3 局部空间自相关特征

结合中国地级城市主要年份 $PM_{2.5}$ 浓度的局部空间自相关结果，可以将345个地级研究单元划分为4种类型，即"高—高"关联类型、"低—低"关联类型、"高—低"关联类型、"低—高"关联类型。

（1）"高—高"关联类型，即 $PM_{2.5}$ 浓度在空间上是高值集聚状态。这种类型的 $PM_{2.5}$ 浓度空间分异较小，呈显著的空间正相关，区域及其周围的污染程度都比较严重。总体上 1998—2016 年 $PM_{2.5}$ 高值集聚区集中在山东、河南、河北、江苏、安徽、湖南、湖北的大部分地区。由表 3-3 可知，1998—2007 年高值集聚城市数量整体呈现增加的态势，四川盆地在此期间的个别年份（1998 年和 2004 年）也出现了高值集聚特点，2007 年达到峰值 96 个。2007 年以后数量逐渐减少，且集聚区南界逐渐北移，到 2016 年高值集聚区主要集中在长江以北，数量基本与 1998 年持平。

（2）"低—低"关联类型，即 $PM_{2.5}$ 浓度在空间上是低值集聚状态。主要在胡焕庸线以西的新疆、西藏、内蒙古、黑龙江西北部地区以及海南、台湾地区。这些地区也是我国 $PM_{2.5}$ 污染"净土"，污染程度相对小得多，但 $PM_{2.5}$ 污染也同样不容忽视。由表 3-3 可以看出，1998—2016 年低值集聚区城市数量呈现先增加后减少的变化趋势，在 2010 年达到峰值。与 1998 年相比，2016 年"低—低"集聚区城市数量虽然增加了，但是新疆地区的低值集聚区城市数量却在减少，说明该地区的一些城市近几年 $PM_{2.5}$ 浓度显著提升，大气污染程度加剧。

（3）其他关联类型，包括"高—低"关联类型（$PM_{2.5}$ 浓度高值被低值所包围）和"低—高"关联类型（$PM_{2.5}$ 浓度低值被高值所包围）。从计算结果来看，只有极少数的城市分布在"高—低"集聚区，这个结果是可信的，$PM_{2.5}$ 具有较强的空间扩散性，孤立的高值或者低值很难出现。

表 3-3　1998—2016 年部分年份中国地级城市局部空间自相关统计

年份 类型	1998	2001	2004	2007	2010	2013	2016
"高—高"城市数	83	81	92	96	95	87	82
"低—低"城市数	46	48	52	73	75	67	65

综合以上分析可知，中国 $PM_{2.5}$ 高污染集聚区主要分布在京津冀、长三角以及与这两大经济体相连接的中部地区，且在研究期内处于稳定状态。造成这种状况的原因主要包括两个方面：第一，与产业转移相伴而生的污染转移。长三角地区是我国经济较活跃地区之一和主要的经济增长点，随着经济发展水平的提高、产能更新换代和产业结构优化，再加上环

境规制逐步加紧，一些落后和污染程度较高的产能在这些地区难以立足，东部地区产业向中西部地区转移成为一种常态。中部地区在承接东部地区产业转移方面具有天然的地理位置优势，同时国家于 2004 年提出了"中部崛起"战略，2006 年出台了配套文件《中共中央、国务院关于促进中部地区崛起的若干意见》，并实施了《促进中部地区崛起规划（2016—2025 年）》。2012 年国务院正式批复《中原经济区规划》，将建设中原经济区上升为国家战略，2016 年中原城市群上升为国家级城市群。可见国家支持中部地区发展的力度越来越大。在国家战略的支持下中部地区成为承接长三角经济增长极产业转移的前沿阵地。大量的研究表明，向中部地区转移的主要是污染型、高耗能产业（朱允未，2013；陈耀、陈任，2011）。这在很大程度上促进了中部地区高雾霾污染集聚区域的形成。另外，北京作为全国的政治、经济、文化中心，为了树立良好的国家形象，大量重工业企业向周边津冀地区转移，这在很大程度上加剧了津冀地区的雾霾污染。产业向周边地区转移虽然能够在一定程度上减少北京自身产生的细颗粒物污染，但由于京、津、冀地理位置临近，在 $PM_{2.5}$ 随风扩散的情况下，北京的雾霾污染依然严重，这就形成了京津冀地区雾霾污染的空间集聚。第二，政治晋升激励下形成的地方政府竞争。目前的政绩考核制度下，官员实现晋升或连任主要考察 GDP 增长、招商引资数量等经济指标，在绿色发展和环境规制的背景下，地方政府就围绕优质产业（清洁且短期内显著提升 GDP 的产业）展开了激烈的招商引资竞争，由于这类资源数量有限，地方政府在招商引资中取胜的关键是投资环境，包括硬环境和软环境两方面，前者是指功能齐全的基础设施、优美的城市环境等；后者则包括政府为企业提供的各种优质服务、政府行政的高效率以及公平和公正的竞争环境。而欠发达地区在这两方面都不具备明显优势，对优质产业的吸引力有限，放松环境规制成为这些地方政府的普遍做法，通过发展以制造业为主的高污染产业来快速推进自身 GDP 的增长，这种状况在中部地区表现得尤为明显。这也是造成雾霾污染在中部地区集聚的重要原因。另外，获得优质资源的长三角地区，虽然能够获得自身产业结构优化的"减污效应"，但由于与中部地区相邻，雾霾污染存在显著的"外溢性"，其"污染外溢效应"大于"自身优化效应"，经济发展水平较高的长三角地区也难以实现自身环境质量的改善。

3.2.2.4　热点分析

利用 ArcGIS 10.1，根据 Jenks 最佳自然断裂法将得到的 Gi^* 指数从高到低依次分为热点区、次热区、次冷区和冷点区四种类型，得到中国地级及以上城市 $PM_{2.5}$ 浓度空间格局的热点统计表。

冷热点区域总体格局保持相对稳定的状态，且在空间上高度集聚。整体来看，1998 年以来，中国地级及以上城市 $PM_{2.5}$ 浓度的冷热点区域从西向东基本上呈"冷点—次冷—次热—热点"的圈层结构，不同类型的区域在空间上呈现集中连片分布趋势。热点区主要分布在山东半岛、中原地区、京津冀地区以及长江三角洲一带。2004 年以后热点区扩散到长江以南的湖南、江西一带，比如湘潭市、长沙市、岳阳市、宜春市、南昌市、九江市等。此外，四川的成都、德阳也形成了小区域热点集聚区。$PM_{2.5}$ 浓度的冷点区主要分布在胡焕庸线以西的大片地区，由于人口稀少，经济活动远不如中东部地区频繁，对环境影响较小。

虽然 $PM_{2.5}$ 浓度冷点区的总体格局相对稳定，但不同类型的城市数量和空间规模都出现了不同程度的变化，且类型间的过渡是"渐变式"而非"跳跃式"，即由冷点变为次冷，次冷变为次热，次热变为热点，进一步说明 $PM_{2.5}$ 浓度在空间上显著的正相关性。由表 3-4 可以看出：①1998 年热点集聚区最少，只有 37 个，在 1998—2004 年热点城市数量显著增加，增加了 42 个，河南东部（如周口市、驻马店市）、江西北部（如九江市、宜春市）等城市由次热区转变为热点区；在 2004—2013 年热点城市数量先减少后增加，但变化幅度不大；在 2013—2016 年热点区城市减少了 32 个，湖北中东部、河南东南部、安徽北部的诸多城市由热点区变为次热区，川渝地区也由热点区变为次热区；此外，唐山、新乡、廊坊等 15 个地级单元在 1998—2016 年都处于热点区，说明这些地区的 $PM_{2.5}$ 污染状况一直未能得到有效治理。②次热区城市数量在 1998—2001 年呈现快速增长态势，由 91 个增加到 120 个，主要原因是浙江、江西、湖南、贵州等地大范围的次冷区转变为次热区；2001—2013 年次热区城市先减少后增加，但变化幅度相对较小；2013—2016 年次热区城市数量由 107 个减少到 66 个，其中长江以北地区如湖北的荆门、孝感，河南的驻马店、信阳，安徽的合肥、滁州等由次热区变为热点区；而长江以南的大部分城市如湖南的邵阳、怀化，广西的南宁、玉林等地则由次热区变为次冷区。③在1998—2004年次冷区城市减少36个，主要是贵州、重庆、湖南、广东的诸多城市由次冷向次热区转变；在2004—2007年次冷区增加6个，主要是贵州及东北三省的部分城市由次热区转变为次冷区；在2007—2016年次冷区城市由105个增加至147个，这主要是因为长江流域的许多城市由次热区向次冷区过渡。④冷点区城市数量在研究期内变化较大。在1998—2001年冷点区城市减少了32个，其中福建的大多数城市由冷点区过渡到次冷区，云南、黑龙江、内蒙古的部分城市也由冷点区变为次冷区；在2001—2013年冷点区城市先增加后减少，由2001年的50个增加到2007年的71个城市，再减少到2013年的58个；在2013—2016年冷点区城市增加了33个，主要是福建西南部、云南北部的城市由次冷区过渡到冷点区。

表3-4　1998—2016年部分年份中国地级城市热点分析统计

年份 类型	1998	2001	2004	2007	2010	2013	2016
热点区城市数	37	71	79	63	72	73	41
次热区城市数	91	120	111	106	89	107	66
次冷区城市数	135	104	99	105	115	107	147
冷点区城市数	82	50	56	71	69	58	91

3.3　以城市群为单元的雾霾污染时空格局

城市群已经成为区域经济发展的重要支撑，以城市群为单元分析雾霾污染时空格局有利于协同治理政策的制定。本小节首先结合研究目的对城市群范围进行界定，其次从经济、人口、土地利用等方面分析中国现有城市群发展现状，最后分析中国城市群雾霾污染时空特征。

3.3.1 城市群概念与范围界定

3.3.1.1 城市群的概念

法国地理学家戈特曼提出大都市带学说，该学说被视为城市群概念的起源。他是在研究美国东北部城市发展区域界限时提出的这一概念，当时他提出的说法是大都市区①，他指出美国之所以能够形成大都市带是由于城市化进程中的郊区城市化以及汽车时代的到来，交通走廊兴起，带动了大都市郊区化发展，使得发达区域连片。20 世纪 70 年代 Mcgee 提出来的人口密集区位城乡混合区受到广泛关注②。随着我国改革开放势头越发强劲以及经济发展速度越来越快，在 20 世纪 80 年代，中国经济活动空间格局也表现出新的特征，国内学者开始关注经济活动在不同区域城市集聚的现象。城市群概念首次提出的时间是 1992 年，城市规划专家姚士谋教授提出了城市群概念和定义，即在一定地区范围内，城市与区域整体间以及城市间都存在着一定相互制约、相互作用的特定功能，依托便利的交通网络，多个不同等级的城市自然组织在一起形成的统一体。但随后有学者认为姚士谋的研究存在两大缺陷，即界定指标不明确及空间尺度内涵不确定。宁越敏基于戈特曼大都市带学说提出城市群概念和范围划定方法，他认为大型城市群的形成多以发达城市为依托，在一个大型城市群中一定有经济发达、城市化水平高的中心城市作为城市群增长极，而城市群内其他城市多沿着城市群中主要交通带分布，在城市群范围内各个城市联系紧密③。随后有更多学者针对城市群概念做了深入细致的研究探讨，目前已经基本达成一致：城市群是在一个指定区域发展范围内，以一个或者多个核心城市作为本区域发展中心，周边三个及以上城市作为区域发展单元，这些城市依托着共同交通设施，彼此之间联系越来越紧密，空间布局越来越紧凑，甚至连接发展，最终形成

---

① Gottmann J. Megalopolis or the urbanization of the northeastern seaboard[J]. Economic Geography, 1957, 33(3): 189.

② Mcgee T G. Desakota[J]. The International Encyclopedia of Geography, 2017, 15(6): 10-14.

③ 宁越敏. 关于城市体系系统特征的探讨[J]. 城市问题, 1985, 14(3): 7-11.

在发展区域内高度一体化的城市群。本书基于前人研究成果、国家发展规划以及实际需要，选取我国 19 个城市群进行研究。

3.3.1.2　范围界定

城市群是国民经济发展到一定阶段的产物，它将地理位置相近或经济相关的城市紧密相连，形成资源共享、相互促进的发展格局。国际公认世界级城市群主要有五个，分别是美国东北部大西洋海岸、五大湖、日本环太平洋、英伦、西北欧城市群，这五个城市群的发展核心分别是纽约、芝加哥、东京、伦敦以及巴黎。针对城市群发展，我国也有大批学者进行了学术研究。姚士谋等指出中国有 6 个超大、9 个类似城市群；徐匡迪院士认为我国可以分为 5 个国家核心、6 个战略支点和 11 个区域支撑城市群；肖金成认为国家可以将城市群分成两种，一种是成熟的、发展较好的城市群，另一种是不成熟的、发展较落后的城市群，即成熟城市群和新兴城市群；方创琳等提出不同规模、不同梯度发展的"5+9+6"模式[1][2][3]。随后，在"十三五"规划中我国明确提出要建立"两横两纵"合理布局协调可持续城市化格局，国家提出要建立东、中、西部城市群，共划分为 19 个城市群。在这些城市群中有既发达又具有带动作用的城市群，如京津冀、长三角、珠三角等城市群，也有相对较为落后的区域，如黔中、滇中、兰西、宁夏沿黄等城市群。虽然我国城市群发展都还不太成熟，但是这些大型、中型、小型城市群，经过多年大规模建设，市场经济快速发展，目前已经形成比较科学合理的功能结构，区域分工也初步显现出来。

因此，结合已有的成果及国家城市群政策规划，综合考虑多方面因素，选取我国 19 个城市群为研究对象，分别为天山北坡城市群、宁夏沿黄城市群、关中平原城市群、呼包鄂榆城市群、山西中部城市群、京津冀城市群、辽中南城市群、哈长城市群、兰西城市群、成渝城市群、滇中城市

---

① 姚士谋，陈振光，朱英明. 中国城市群［M］. 北京：中国科学技术大学出版社，2006：17-22.

② 肖金成. 城镇化与区域协调发展［M］. 北京：经济科学出版社，2014：10-19.

③ 方创琳，毛其智，倪鹏飞. 中国城市群科学选择与分级发展的争鸣及探索［J］. 地理学报，2015，70(4)：515-527.

群、黔中城市群、北部湾城市群、珠三角城市群、海峡西岸城市群、长江中游城市群、长三角城市群、中原城市群、山东半岛城市群。19 个城市群共包括 217 个地级城市。这些城市群在我国以后的发展进程中将成为中坚力量，具有重要的意义。基于此，本书以 19 个城市群为研究对象，从城市群层面分析雾霾污染的时空格局。

3.3.2 城市群发展概况

3.3.2.1 我国城市群经济发展现状

总体来看，我国经济目前正处于中高速增长阶段，城镇发展模式正从原来的盲目扩张转变为科学、优化、高层次的发展模式，城市群是经济发展中最具活力的增长极，城市群内各城市将相互提供动力，共同发展。长三角、京津冀、珠三角各方面发展一直处于领先状态，这三个城市群联合为我国经济发展贡献了 38.1% 的 GDP；由于地处沿海，还是我国与外国深入开展科学技术交流的前沿阵地，同时这些地区拥有众多科研中心，仅仅三个城市群就拥有我国六成以上的科研中心；并且先进思想与高素质人口聚集，使得这些地区专利申请量增长迅速，专利授权量也占据全国总数六成以上。就经济规模而言，2019年长三角城市群创下 17.9 万亿元 GDP 收入，在所有城市群中位列第一；其次是拥有着首都北京的京津冀城市群和地处华中地区的长江中游城市群。长三角、京津冀、珠三角作为我国最早划分的城市群，各方面发展相对其他城市群来说都比较成熟，2019 年 GDP 总量达到 34.3 万亿元，三个城市群 GDP 占据全国总数将近四成，另外，从产业发展看，这三个城市群也走在前列。

为了更进一步探讨城市群经济发展状况，以我国 19 个城市群国内生产总值为依据，计算出 2001—2016 年 19 个城市群国内生产总值增长率，并将其划分为 3 种类型，分别是经济快速增长型、经济平稳增长型、经济缓慢增长型(见表 3-5)。

表3-5　各城市群经济增长类型划分

经济增长类型	增长率(%)	城市群
经济缓慢增长型	0~4.3	宁夏沿黄城市群、呼包鄂榆城市群
经济平稳增长型	4.3~8.6	滇中城市群、天山北坡城市群、黔中城市群、哈长城市群、山西中部城市群、中原城市群、山东半岛城市群、兰西城市群、关中平原城市群、北部湾城市群、辽中南城市群
经济快速增长型	8.6~13.0	长江中游城市群、成渝城市群、京津冀城市群、海峡西岸城市群、长三角城市群、珠三角城市群

　　首先是增长率位于0~4.3%的经济缓慢增长型城市群，有宁夏沿黄城市群、呼包鄂榆城市群。这些城市群发展起步较晚，在各方面都处于摸索阶段，城市群内各城市发展速度相对来说都比较慢，不管是在产业还是在创新方面都位于下风，因此这类城市群经济增长一直处于缓慢状态。

　　其次是增长率位于4.3%~8.6%的经济平稳增长型城市群，我国大部分城市群都位于这个阶段，有滇中城市群、天山北坡城市群、黔中城市群、哈长城市群、山西中部城市群、中原城市群、山东半岛城市群、兰西城市群、关中平原城市群、北部湾城市群、辽中南城市群，这些城市群的经济发展速度一直处于平稳上升态势，这部分城市群中大部分位于中西部，虽然地理位置、资源禀赋等方面的优势并不明显，但这些城市群的发展劲头很足，发展前景也较好。值得一提的是，位于我国东北部的哈长城市群、辽中南城市群具有突出的区位优势，不仅紧邻渤海，也充当着我国东北地区的"守门人"，具有连接内外的重要作用，在多个国家重大战略中都扮演着重要的角色。同时这两个城市群也是我国大型的重工业生产基地，城市群内部各个城市的定位清晰、分工明确，比如，城市群核心城市一般是在各个领域平衡发展的大型城市，这些大城市多以商业为主，城市群外网的中小城市多承担生产制造、向外省或外市供应资源等工作，这有利于城市群的分工协作，能够在很大程度上促进城市群整体经济发展。

　　最后是增长率位于8.6%~13.0%的经济快速增长型城市群，有长江中游城市群、成渝城市群、京津冀城市群、海峡西岸城市群、长三角城市群、珠三角城市群，这些城市群大多位于东部沿海地区，城市群基础设施较为完备，各方面资源良好，能够为城市群发展提供良好基础。因此，这些城市群无论是在经济、创新，还是在对外贸易等方面都是其他城市群的楷模。

3.3.2.2 我国城市群发展的人口及建成区面积现状

（1）人口方面。19 个城市群虽然仅仅拥有我国国土面积的 25%，但是这少量国土面积上聚集我国 75% 的人口，并且为我国贡献了 88% 的 GDP。将近 40 年时间里，19 个城市群人口有了突飞猛进的增长。2019 年这些城市群已经拥有 10.5 亿人口，并且达到 61.7% 的城市化率。其中有 5 个城市群人口突破 1 亿，分别为长三角、京津冀、长江中游、山东半岛和成渝城市群。在人口数量变化方面，2015—2019 年，人口增长最多的是珠三角城市群，在 5 年间平均每年有 142 万人口的增加量；随后依次是长三角、长江中游、成渝、京津冀城市群，这些城市群在 5 年间平均每年人口的增加量分别为 100.9 万、87.3 万、63.8 万、42.7 万；值得一提的是，多数中西部地区城市群近 3 年人口增长相对较为缓慢；而辽中南和哈长城市群近几年来人口一直处于负增长状态。

（2）建成区面积方面。建成区是指城市行政区内实际已成片开发建设、市政公用设施和公共设施基本具备的区域。研究期内各城市群建成区面积都呈增长的态势，本书根据各城市群在研究期内建成区面积增长速度将其分为三种类型，分别是缓慢扩张型、平稳扩张型和快速扩张型（见表 3-6）。属于缓慢扩张型的城市群有兰西城市群、辽中南城市群、哈长城市群，这些城市群城市化速度并不快，人口增长缓慢且流出量大，对建设用地需求比较小；属于平稳扩张型的城市群有呼包鄂榆城市群、京津冀城市群、山西中部城市群、长江中游城市群、中原城市群、关中平原城市群、天山北坡城市群、北部湾城市群、黔中城市群、长三角城市群、宁夏沿黄城市群、滇中城市群，可以看出我国大部分城市群都属于此类型，这些城市群城市化水平和经济发展水平较高，产业结构也不断变化，对建设用地需求较大，城市群的建设用地面积不断扩大；属于快速扩张型的城市群有山东半岛城市群、成渝城市群、海峡西岸城市群、珠三角城市群，这些城市群在近些年发展飞快，不管是经济发展还是城市化进程都在稳步向前。

大量人口涌向这些城市群，城市群人口增长更是直接导致建设用地扩张，并成为城市空间扩大最原始动力。另外，这些城市群的发展水平较高，也需要有大量的建设用地作为支撑。城市人口增长和经济发展两方面共同造成了这些城市群建成区面积扩张迅速。

表3-6　各城市群建成区面积增长类型划分

建成区面积增长类型	增长率(%)	城市群
缓慢扩张型	0~0.9	兰西城市群、辽中南城市群、哈长城市群
平稳扩张型	0.9~1.8	呼包鄂榆城市群、京津冀城市群、山西中部城市群、长江中游城市群、中原城市群、关中平原城市群、天山北坡城市群、北部湾城市群、黔中城市群、长三角城市群、宁夏沿黄城市群、滇中城市群
快速扩张型	1.8~2.7	山东半岛城市群、成渝城市群、海峡西岸城市群、珠三角城市群

总体来看，相较于公认的世界级城市群来说，我国的城市群发展尚处于萌芽状态，一方面，大部分城市群内所包含的核心城市与周边非核心城市经济发展仍存在很大差距，人均 GDP 水平差距也在不断拉大，中心城市对周边中小型城市的影响带动能力不够；另一方面，城市群中城市之间存在相互竞争、协调发展不足、资源配置不合理等问题。

3.3.3　城市群雾霾污染时空特征

雾霾污染在很大程度上已经成为城市发展的重要制约因素，因此，探讨雾霾污染时空特征必不可少。在本研究中，全国地级及以上城市1998—2016 年 $PM_{2.5}$ 污染浓度数据来源于哥伦比亚大学国际地球科学信息网络中心[1][2]，通过汇总得到各个城市群的雾霾污染数据，据此分析中国城市群雾霾污染时序变化特征。同时，为更好地把握城市群雾霾污染空间分布特征，以 19 个城市群包含的所有城市为基础，根据 2016 年各城市 $PM_{2.5}$ 污染

---

① 江佳，邹滨，陈璟雯. 中国大陆 1998 年以来 $PM_{2.5}$ 浓度时空分异规律[J]. 遥感信息，2017，32(1)：28-34.

② 周亮，周成虎，杨帆，等. 2000—2011 年中国 $PM_{2.5}$ 时空演化特征及驱动因素解析[J]. 地理学报，2017，72(11)：2079-2092.

浓度绘制空间分布图,并通过汇总分析各城市群雾霾污染的空间格局。

从时间序列变化来看,2001—2016 年我国主要城市群 $PM_{2.5}$ 污染呈现先增加后减少态势。2001—2007 年逐年上升,$PM_{2.5}$ 污染年平均浓度由 2001 年的 $25.8\mu g/m^3$ 增长到 2007 年的 $44.6\mu g/m^3$,增长速率为 72.5%,并在 2007 年达到峰值;2007—2016 年我国主要城市群 $PM_{2.5}$ 污染呈现逐年下降态势,$PM_{2.5}$ 污染年平均浓度由 2007 年的 $44.6\mu g/m^3$ 下降到 2016 年的 $36.6\mu g/m^3$,下降速率为 -17.7%。2007 年是一个特殊的时间点,此后我国雾霾污染防治工作取得重大突破,主要归功于 2008 年北京承办奥运会。北京申奥成功以后,我国就开始大力整治雾霾污染,立志要将蓝天白云归还给北京,国家一系列工作的推进使得污染问题得到很大改善。但从整个研究期来看,2016 年 $PM_{2.5}$ 浓度比 2001 年增加 $10.8\mu g/m^3$,增长率为 41.9%,$PM_{2.5}$ 浓度值依然高于国家标准值。随着我国对环境污染治理力度加大,人们环保意识加强,与以往雾霾污染快速增长相比,现今雾霾污染增长速度已经明显减慢。但是需要注意的是,我国城市群仍然面临着严重污染问题,$PM_{2.5}$ 排放还很高,治理工作任重而道远。

从雾霾污染空间格局来说,首先,京津冀城市群 $PM_{2.5}$ 污染浓度是最高的,自"雾霾"一词被中国所重视,京津冀地区就一直是全国雾霾污染较严重区域。究其原因,主要与该区域地形气候、汽车尾气排放有关,虽然经过多方治理,在经历暂时性的"APEC 蓝"和"G20 蓝"之后,京津冀城市群雾霾污染得到有效缓解,但是仍处于高污染状态。其次,我国中部地区城市群 $PM_{2.5}$ 污染浓度也较高,如中原城市群、关中平原城市群、长江中游城市群等。这可能与多方面因素有关,一是经济规模因素,自 2004 年提出"中部崛起"战略以来,经济增长速度越来越快,这一系列发展带来环境污染加剧,成为中部这些城市群雾霾污染加剧原因之一;二是产业结构因素,中部地区城市群承接来自中东部城市群产业转移,这些城市群制造业比重也在不断提升。此外,这些城市群虽承接大多数东部地区城市群产业转移,但是在高新技术产业和环境污染治理等方面投入不足,在一定程度上也加剧了雾霾污染程度。另外,分区域看,如果将胡焕庸线作为分界线,我国城市群雾霾污染将呈现以下格局:东部城市群>西部城市群,东北部城市群>西南部城市群。具体来说，2001—2016 年 $PM_{2.5}$ 浓度较高城市群集中在京津冀城市群、中原城市群、关中平原城市群、长江中游城市群；$PM_{2.5}$ 浓度较低的城市群主要分布在西部偏远地区，如滇中城市群、兰西城市群、宁夏沿黄城市群、呼包鄂榆城市群等，但是雾霾污染治理工作同样不容忽视。

3.4 典型城市群雾霾污染时空特征

本节以国家重大发展战略为依托，依据雾霾污染程度和经济发展水平，主要以中原城市群、京津冀地区、珠三角地区、黄河流域和长江经济带为研究对象，探讨典型地区的雾霾污染时空特征。这五个区域具有较好的代表性：从雾霾污染程度来看，京津冀城市群和中原城市群雾霾污染较为严重，大气污染传输通道"2+26"城市大部分处于该区域，而珠三角城市群相对较低，这三个城市群可以代表不同污染程度；从经济发展水平来看，珠三角城市群处于东南沿海地区，整体经济发展水平较高，且区域内差异较小，京津冀城市群内部经济发展水平差异较大，既有以北京和天津为代表的高经济发展水平城市，也有部分经济发展水平较低的河北省的城市，中原城市群经济发展水平整体偏低，代表着不同发展水平和发展类型的城市群。另外，围绕长江和黄河两大流域，国家制定了长江经济带、黄河流域生态保护和高质量发展两大国家战略，都是横跨东中西，区域内部差异较大，围绕这两个区域分析雾霾污染时空特征对两大战略的推进具有重要意义。

3.4.1 中原城市群雾霾污染时空特征

2003 年河南省正式提出《中原城市群发展战略构想》，经过十几年的建设，2016 年 12 月 28 日国务院正式批复《中原城市群发展规划》。随着中原城市群国家战略的确立，中原地区的崛起已经提上了国家议程，中原城市群的发展得到了国家和广大学者的重视。随着城市发展的日新月异和民众对生态环境重视程度的加深，环境污染问题特别是雾霾污染受到越来越多的社会关注。因此，本小节以中原城市群为研究对象，探讨雾霾污染时空格局。

3.4.1.1 PM₂.₅ 浓度时序变化特征

1998—2016 年中原城市群雾霾污染浓度整体呈现上升趋势，如图 3-4 所示。1998 年中原城市群的平均 $PM_{2.5}$ 浓度为 28.52μg/m³，到 2016 年 $PM_{2.5}$ 平均浓度增加到 52.21μg/m³。研究期内 $PM_{2.5}$ 浓度一共增加了 23.69μg/m³，增长了 83.06%。在整个研究期内可以将 $PM_{2.5}$ 浓度变化分为三个阶段：①快速增长期：1998—2007 年，在此期间，$PM_{2.5}$ 浓度一直快速增长，在 2007 年达到了 66.54μg/m³ 的峰值；②缓慢下降期：2008—2012 年，$PM_{2.5}$ 浓度呈现下降的趋势，共下降 2.09μg/m³，年均下降 0.418μg/m³；③持续平稳期：2013—2016 年，$PM_{2.5}$ 浓度变化起伏小，2013 年增长到 62.63μg/m³ 后，开始缓慢下降。2014—2016 年 $PM_{2.5}$ 浓度变化不大，呈现出较为平稳的态势。

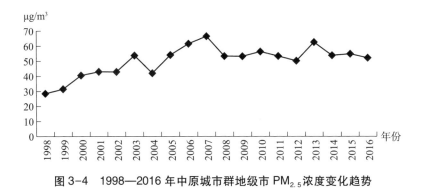

图 3-4　1998—2016 年中原城市群地级市 PM₂.₅浓度变化趋势

3.4.1.2 PM₂.₅浓度空间分析特征

1. 空间差异及其演化

以《环境空气质量标准》（GB 3095—2012）中 PM₂.₅年均浓度限制为参考标准，结合研究期限内中原城市群 PM₂.₅浓度现状，将中原城市群 PM₂.₅污染情况分为以下 6 种类型：优（一级）、良（二级）、轻度污染（三级）、中度污染(四级)、较高污染(五级)、高污染(六级)。并统计每个级别在不同年份的城市数量,具体见表3-7。不同级别的分布具有如下特征:①中原城市群大部分城市处于四级和五级污染程度,其数量呈现下降的态势。②在研究期内几乎没有城市污染程度为一级,极个别城市污染程度为二级。在1998年有大量城市污染程度为三级,此后该级别城市数量逐渐减少。③2007年和2013年,中原城市群出现大量污染程度为六级的城市,2016年六级污染城市出现了数量减少的情况。

表3-7 1998—2016年中原城市群不同级别PM$_{2.5}$污染城市数量统计

评级 年份	优(一级)	良(二级)	轻度污染 (三级)	中度污染 (四级)	较高污染 (五级)	高污染 (六级)
1998	3	5	18	4	0	0
2001	0	2	4	17	7	0
2004	0	4	3	20	3	0
2007	0	0	0	5	7	18
2010	0	1	1	4	24	0
2013	0	0	1	4	10	15
2016	0	1	4	7	15	3

将中原城市群1998—2016年以3年为一个时间周期的PM$_{2.5}$浓度空间差异状况分为六个级别,具体见表3-8。其空间分布具有如下特征:①优(一级)和良(二级)的城市主要分布在中原城市群范围的西北部,且数量逐年递减;②较高污染(五级)和高污染(六级)的城市主要集中在中原城市群范围的东部,且数量逐年递增,呈现由北部不断向南部扩展的态势;③高污染(六级)城市在2007年出现暴增的情况,主要集中在中原城市群西北部,数量呈现逐年递减趋势;④轻度污染(三级)和中度污染(四级)的城市主要集中在中原城市群范围的中部。轻度污染(三级)的城市数量逐年递减,中度污染城市(四级)存在由西南部向东北部不断扩散的情况。

表 3-8　1998—2016 年中原城市群 PM$_{2.5}$ 浓度空间差异分布

年份 评级	1998	2001	2004	2007	2010	2013	2016
优（一级）	三门峡、洛阳、晋城						
良（二级）	平顶山、南阳、济源、长治、邯郸、邢台	三门峡、洛阳	三门峡、洛阳、晋城、长治		三门峡		三门峡
轻度污染（三级）	运城、南阳、驻马店、信阳、阜阳、漯河、郑州、周口、许昌、商丘、开封、新乡、焦作、安阳、鹤壁、濮阳、聊城、菏泽	南阳、济源、晋城、长治	运城、济源、南阳		长治	三门峡	洛阳、济源、晋城、长治
中度污染（四级）	淮北、宿州、蚌埠、亳州	邢台、邯郸、聊城、郑州、焦作、平顶山、运城、驻马店、信阳、漯河、周口、亳州、商丘、阜阳、淮北、宿州、蚌埠	郑州、开封、新乡、商丘、许昌、平顶山、焦作、信阳、驻马店、鹤壁、漯河、邢台、邯郸、淮北、蚌埠、宿州、阜阳、亳州	三门峡、洛阳、济源、晋城、长治	运城、济源、洛阳	长治、晋城、济源、洛阳	晋城、焦作、郑州、平顶山、驻马店、南阳、信阳

续表

年份 评级	1998	2001	2004	2007	2010	2013	2016
较高污染（五级）		许昌、开封、新乡、鹤壁、安阳、菏泽	聊城、濮阳、菏泽	运城、南阳、驻马店、信阳、平顶山、阜阳、蚌埠	郑州、开封、商丘、平顶山、周口、信阳、驻马店、漯河、鹤壁、邢台、濮阳、邯郸、聊城、菏泽、淮北、宿州、阜阳、蚌埠、亳州	邢台、邯郸、聊城、濮阳、安阳、鹤壁、新乡、菏泽、开封、许昌	安阳、濮阳、鹤壁、新乡、开封、许昌、漯河、周口、商丘、菏泽、阜阳、淮北、苏州、蚌埠
高污染（六级）				郑州、开封、新乡、商丘、焦作、濮阳、漯河、邯郸、聊城、淮北、宿州、菏泽、亳州		运城、焦作、郑州、平顶山、南阳、驻马店、信阳、漯河、亳州、商丘、周口、阜阳、淮北、苏州、蚌埠	邢台、邯郸、聊城

　　结合表 3-7 和表 3-8 进行全面分析。①1998 年，评级为优（一级）的城市有 3 个，它们集中在中原城市群范围的西北部，分别为三门峡市、洛阳市以及晋城市。评级为良（二级）的城市有 5 个，包括邢台市、邯郸市、长治市、济源市和平顶山市。轻度污染的城市有 18 个，包括河南省中西部 15 个市以及聊城市、菏泽市和运城市。中度污染城市有 4 个，包括宿州、淮北、亳州、蚌埠。没有较高污染城市和高污染城市。②2001 年与 1998 年相比，良级城市和轻度污染城市数量均有所减少，不存在优级城市。中度污染城市和较高污染城市数量均有所增加。良级城市包括三门峡市和洛阳市。轻度污染城市减少了 14 个，降幅巨大。这一年轻度污染城市包括济源市、晋城市、长治市和南阳市。中度污染城市增加了 13 个，增幅较大。较高污染城市包括河南省北部 6 个市和山东省菏泽市。不存在高污染城市。③2004 年与 2001 年相比，良级城市和中度污染城市数量均有所增加。良级城市新增加了晋城市和长治市，中度污染城市主要是河南省北部 20 个市。轻度污染城市减少了 1 个，较高污染城市减少了 4 个。整体布局变化不大。④2007 年与 2004 年相比，不存在良级城市和轻度污染城市。中度污染城市大幅度减少，主要集中在长治、晋城、济源、三门峡和洛阳市。较高污染城市包括河南省南部 4 个市和阜阳、蚌埠、运城市。可以发现中度污染城市呈现向南部扩散的局势。高污染城市呈现爆发式增长，增长到 18 个市。⑤2010 年与 2007 年相比，良级城市和轻度污染城市均增加了 1 个，分别是三门峡市和长治市。较高污染城市大量增长，为 24 个，涵盖河南省 15 个市以及邢台、邯郸、聊城、菏泽、宿州、淮北、亳州、蚌埠、阜阳 9 个市。高污染城市减少为 0 个。⑥2013 年与 2010 年相比，良级城市减少到 0 个，轻度污染城市和中度污染城市数量均未发生改变。较高污染城市大量减少，减少到 10 个。高污染城市增加到 15 个，雾霾有向北部集中扩散的趋势。⑦2016 年与 2013 年相比，良级城市增加了 1 个，为三门峡市。轻度污染城市和中度污染城市均有所增加。较高污染城市数量增加 5 个，高污染城市数量有所减少。南阳市、驻马店市、信阳市由 2013 年的高污染城市转变为 2016 年的中度污染城市。2013 年的中度污染城市全部转变为 2016 年的轻度污染城市。较高污染城市仍旧集中在河南省西部。高污染城市仍旧是邢台、邯郸、聊城这 3 个市。

2. 全局空间自相关特征

表3-9反映的是1998—2016年中原城市群 $PM_{2.5}$ 浓度变化的全局 Moran's I 指数变化情况。可见，中原城市群 $PM_{2.5}$ 浓度呈现空间的正相关性，空间集聚性明显。其主要特征是：雾霾污染程度高的城市与雾霾污染程度高的城市相邻，雾霾污染程度低的城市与雾霾污染程度低的城市相邻。研究期内 Moran's I 指数呈现波动变化状态，总体呈现增长的态势，由1998年的0.520648增加到2016年的0.653522，说明在研究期内 $PM_{2.5}$ 的空间集聚程度在加强。根据变化情况可以分为四个阶段：1998—2002年呈下降态势，由1998年的0.520648减少到2002年的0.346658，说明 $PM_{2.5}$ 的空间集聚程度在减弱；2003—2009年呈波动增长态势，说明在此期间空间集聚程度在加强；2010—2013年总体呈下降态势，说明在此期间空间集聚程度在减弱；2014—2016年呈增长态势，说明在此期间空间集聚程度在加强。

表3-9　1998—2016年中原城市群 $PM_{2.5}$ 浓度变化的全局 Moran's I 指数

年份	Moran's I 指数	年份	Moran's I 指数
1998	0.520648	2008	0.637909
1999	0.648448	2009	0.644055
2000	0.522666	2010	0.561743
2001	0.489942	2011	0.490943
2002	0.346658	2012	0.550157
2003	0.528775	2013	0.538156
2004	0.557003	2014	0.586208
2005	0.505101	2015	0.590164
2006	0.514852	2016	0.653522
2007	0.568294		

3. 局部空间自相关特征

表3-10和表3-11展示了1998—2016年中原城市群的 $PM_{2.5}$ 浓度的局部空间自相关情况，将中原城市群的集聚状态分为3种类型。

（1）"高—高"关联类型，即 $PM_{2.5}$ 浓度在空间上存在高值集聚的情况。

这种类型 $PM_{2.5}$ 浓度空间差异性小,高值城市与高值城市相邻,有显著的空间集聚性。整体来看,1998—2016 年,该类型区主要集中在河南省的中东部并呈现出向北部扩散的态势。2004—2010 年,"高—高"关联区呈现增长趋势,由 2004 年的两个城市不断向外扩散。2010—2013 年"高—高"关联区呈现减少趋势,2013—2016 年呈现增长趋势,以 2013 年的关联区为基础不断向南部扩散。鹤壁市在 2001 年呈现"高—高"关联,濮阳市在 2010 年也呈现"高—高"关联。

(2)"低—低"关联类型,即 $PM_{2.5}$ 浓度在空间上存在低值集聚的情况。这种类型区主要集中在河南省的西部,低值城市与低值城市相邻,可以说该类型城市是中原城市群污染程度较低的城市。由表 3-10 可以看出,在 1998—2016 年"低—低"关联区的城市数量虽然存在上下波动的情况,在 2016 年达到峰值 8,在 2001 年数量最小为 5,但是整体来说该类型的城市数量还是保持较高的稳定性,空间分布范围具有一定的锁定效应。

(3)其他关联类型,即"高—低"关联类型($PM_{2.5}$ 浓度高值被低值所包围)、"低—高"关联类型($PM_{2.5}$ 浓度低值被高值所包围)。从计算结果来看仅仅在 1999 年和 2005 年出现少量这样的关联区,$PM_{2.5}$ 在空间上具有扩散性,孤立的高值和低值很难出现,从这一点也可以证明计算结果是可信的。

表 3-10 1998—2016 年部分年份中原城市群局部空间自相关统计

年份 类型	1998	2001	2004	2007	2010	2013	2016
"高—高"关联城市数	6	5	2	4	8	3	4
"低—低"关联城市数	7	5	6	7	7	6	8
其他关联城市数	—	—	—	—	—	—	—

表 3-11 1998—2016 年部分年份中原城市群 $PM_{2.5}$ 浓度 LISA 格局

年份	"高—高"值区	"低—低"值区
1998	菏泽、商丘、宿州、蚌埠、淮北、亳州	运城、晋城、济源、焦作、洛阳、三门峡、南阳
2001	鹤壁、濮阳、菏泽、开封、商丘	运城、三门峡、洛阳、济源、南阳
2004	濮阳、菏泽	运城、济源、焦作、洛阳、三门峡、南阳

年份	"高—高"值区	"低—低"值区
2007	濮阳、菏泽、开封、商丘	运城、晋城、济源、焦作、洛阳、三门峡、南阳
2010	邢台、濮阳、商丘、周口、亳州、淮北、宿州、蚌埠	运城、晋城、济源、焦作、洛阳、三门峡、南阳
2013	邢台、聊城、濮阳	运城、晋城、济源、洛阳、三门峡、南阳
2016	邢台、邯郸、聊城、濮阳	运城、晋城、济源、焦作、洛阳、三门峡、南阳、平顶山

综上所述，中原城市群 $PM_{2.5}$ 浓度在研究期内呈现增长的态势，高浓度主要集中在河南省东部、山东省西南部以及河北省南部。出现这种状况的原因有以下几个方面：一是产业转型和产业结构的优化所导致的污染转移。随着经济的不断发展，经济发展水平较高的东部地区双线产业结构开始进入转型期，产业结构不断进行优化升级。并且国家提出严格的生态保护政策，高污染产业逐渐失去立足之地。中原城市群地处中国中心腹地，就成为接受沿海地区产业转移的前沿阵地，一些较高污染、高污染的产业陆续向中原城市群转移。另外，2012 年国务院正式批复了《中原经济区规划》，将建设中原经济区上升为国家战略，2016 年中原城市群上升为国家级城市群。在这样的背景下，经济发展迎来新的机遇，但必须看到，中原城市群经济发展技术水平偏低，"高投入、高消耗、高排放"现象依然普遍存在，这可能会在一定程度上加剧雾霾污染，为该区域的雾霾污染治理带来挑战。二是来源于 $PM_{2.5}$ 本身的扩散特性。由于受气候风向的影响，相邻近的城市必然会受到来自高污染区的扩散影响，以至于 $PM_{2.5}$ 浓度上升，$PM_{2.5}$ 浓度分布格局发生改变。三是受到政府决策的影响。地区的发展往往会受到来自地方政府的决策引导。地方政府官员为了完成业绩考核，不断促进本地市产业转型、技术水平的提高，更加注重生态环境的保护，发展绿色产业。但是发展绿色产业是建立在城市经济基础好的条件下，在经济发展水平较为落后的中原城市群可能会受限。因此，对于中原城市群来说，优先发展第二产业并以此带动其他产业的发展是最佳选择，但这会在一定程度上加剧雾霾污染。

4. 热点分析

利用 ArcGIS 10.3，根据自然断裂法将得到的 Gi^* 指数从低到高依次划分为低值集聚区、低值分散区、一般区、热值分散区、热值集聚区五种类型，得到中原城市群 PM$_{2.5}$ 浓度热点统计表（见表 3-12）和热点格局表（见表 3-13）。

表 3-12　1998—2016 年部分年份中原城市群 PM$_{2.5}$ 浓度热点分析统计

年份	1998	2001	2004	2007	2010	2013	2016
低值集聚区	5	6	6	6	6	6	6
低值分散区	6	5	3	4	3	2	4
一般区	7	6	7	9	8	8	10
热值分散区	7	7	12	8	9	9	4
热值集聚区	5	6	2	3	4	5	6

表 3-13　1998—2016 年部分年份中原城市群 PM$_{2.5}$ 热点格局

年份	低值集聚区	低值分散区	一般区	热值分散区	热值集聚区
1998	三门峡、洛阳、济源、晋城、长治	运城、邢台、焦作、郑州、平顶山、南阳	邯郸、安阳、鹤壁、许昌、漯河、驻马店、信阳	聊城、濮阳、菏泽、新乡、开封、周口、阜阳	商丘、亳州、淮北、宿州、蚌埠
2001	运城、三门峡、洛阳、济源、晋城、长治	邢台、焦作、平顶山、南阳、信阳	驻马店、阜阳、亳州、淮北、宿州、蚌埠	邯郸、聊城、菏泽、郑州、许昌、漯河、周口	安阳、鹤壁、濮阳、新乡、开发、商丘
2004	运城、三门峡、洛阳、济源、晋城、长治	焦作、平顶山、南阳	邢台、郑州、许昌、漯河、驻马店、信阳、阜阳	邯郸、安阳、鹤壁、新乡、开封、周口、商丘、菏泽、亳州、淮北、宿州、蚌埠	聊城、濮阳
2007	运城、三门峡、洛阳、济源、长治、晋城	焦作、平顶山、南阳、信阳	邢台、郑州、漯河、驻马店、阜阳、亳州、淮北、宿州、蚌埠	邯郸、聊城、菏泽、安阳、鹤壁、新乡、许昌、周口	濮阳、开封、商丘
2010	运城、三门峡、洛阳、济源、长治、晋城	焦作、平顶山、南阳	邢台、新乡、郑州、许昌、漯河、驻马店、信阳、阜阳	邯郸、聊城、菏泽、安阳、鹤壁、开封、周口、宿州、蚌埠	濮阳、商丘、亳州、淮北

续表

年份	低值集聚区	低值分散区	一般区	热值分散区	热值集聚区
2013	运城、三门峡、洛阳、济源、长治、晋城	信阳、焦作	平顶山、南阳、驻马店、阜阳、亳州、淮北、宿州、蚌埠	邢台、新乡、郑州、开封、许昌、漯河、商丘、周口、菏泽	邯郸、聊城、安阳、鹤壁、濮阳
2016	运城、三门峡、洛阳、济源、长治、晋城	焦作、平顶山、南阳、信阳	郑州、许昌、漯河、驻马店、周口、阜阳、亳州、淮北、宿州、蚌埠	新乡、开封、商丘、菏泽	邢台、邯郸、聊城、安阳、鹤壁、濮阳

整体来看，低值集聚区和低值分散区的总体格局呈现相对稳定的状态，而热值集聚区的总体格局存在一定的变动。低值集聚区和热值集聚区都呈现出在空间上的高度集聚态势。在研究期内由西向东呈现出"低值集聚区—低值分散区——一般区—热值分散区—热值集聚区"的圈层结构，不同的类型区在空间上均呈现出集中连片的分布状态。低值集聚区主要集中在河南省西部3个市区以及晋城市、长治市。

中原城市群的低值集聚区和低值分散区分布格局较为稳定，一般区、热值分散区和热值集聚区的空间格局变化较大，但整体来说按照"一般区—热值分散区—热值集聚区"或者"热值集聚区—热值分散区"的趋势转变，这也进一步说明了PM$_{2.5}$在空间上存在相关性。依据表3-12和表3-13，可以进一步分析得出不同类型区的空间演变规律：①2004年热值集聚区最少，为2个，2001—2004年热值集聚区数量大量减少，河南省北部城市（如安阳市、鹤壁市等）由热值集聚区转变为热值分散区；2004—2016年热值集聚区呈现平稳增长态势。其中濮阳市一直为热值集聚区，说明该市的PM$_{2.5}$污染一直没有得到有效的治理；聊城市经历了由热值集聚区转变为热值分散区再转变为热值集聚区的过程，说明该市的污染程度一直很高；此外，安阳市、鹤壁市、邢台市由热值分散区转变为热值集聚区。②热值分散区在2016年数量最少，为4个，在2004年最多，为12个。1998—2004年热值分散区数量不断增长，主要来自一般区的转变。2004—2007年数量减少，因为开封市、商丘市由热值分散区转变为热值集聚区。2007—2010年数量虽有所增长，但整体变化幅度不大。2010—2016年热值分散区数量急剧减少，因为河南省北部城市由热值分散区转变为一般区和热值集聚区。③一般区在研究期内呈现增长的态势，但改变幅度不大。主要是河南省南部城市由热值分散区转变为一般区。④低值分散区在 2013 年数量最少，为 2 个；1998—2004 年邢台市由低值分散区转变为一般区，1998—2001 年运城市由低值分散区转变为低值集聚区，信阳市在 2001—2004 年经历了低值分散区向一般区的转变。2004—2010 年南阳处于低值分散区，呈现平稳态势，2013 年转变为一般区。2013—2016 年出现增长态势，南阳市和平顶山市由一般区转变为低值分散区。⑤1998—2001 年运城市由低值分散区转变为低值集聚区；2001—2016 年低值集聚区数量保持不变，且分布城市保持不变。

5. 重心迁移分析

重心是一个均衡概念，即与各区域在某一属性值上都保持均衡的点。为了进一步探讨中原城市群内部雾霾污染空间演化格局，本部分拟通过重心分析模型引入中原城市群各城市的区位因素，并对中原城市群雾霾污染时空变换的重心进行测算。通过雾霾重心迁移方向的趋势变化来探讨中原城市群各城市的雾霾重心所呈现的空间分异特征。图 3-5 展示了 1998—2016 年中原城市群各城市所在区域的雾霾重心迁移状况。

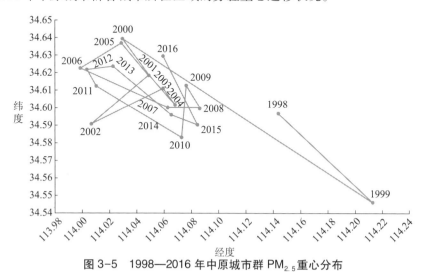

图 3-5　1998—2016 年中原城市群 $PM_{2.5}$ 重心分布

从图 3-5 中可以看出,1998—2016 年中原城市群核心发展区域雾霾重心变动幅度并不太大,除 1998 年和 1999 年的雾霾重心相对离散以外,2000—2016 年的雾霾重心集中分布在 34.58°N ~ 36.64°N、113.98°E ~ 114.10°E,大体呈现出向北向西迁移的趋势。1998—2016 年雾霾重心在向开封市区的西北方向变化,而这一区域处在郑州市、开封市和新乡市三市交界的三角地带,这也是中原城市群核心发展区的中心地带。

3.4.2 京津冀地区 PM$_{2.5}$ 浓度时空变化特征

京津冀地区作为我国的"首都经济圈",不仅是目前我国经济规模最大、最具经济活力的三大经济圈之一,也是我国的行政中心,具有重要的政治地位,其发展受到了海内外的广泛关注。2015 年 4 月 30 日,中共中央政治局召开会议,审议通过《京津冀协同发展规划纲要》,近年来,京津冀地区综合实力水平不断攀升,但其环境状况也越发严峻,尤其是以 PM$_{2.5}$ 为代表的空气污染问题日益突出。京津冀地区由于产业发达、人口密度大,污染物排放量相对较大;此外,由于京津冀地区西部、北部多为山地地形,独特的地理环境不利于大气污染物的扩散,从而导致 PM$_{2.5}$ 污染状况较为严重。在这样的背景下,探讨京津冀地区雾霾污染时空特征对于该区域的协同发展及雾霾污染协同治理具有重要意义。

3.4.2.1 时序变化特征

(1)区域总体变化特征。2000 年该地区年均 PM$_{2.5}$ 浓度为 41.65μg/m^3,2016 年增加到了 62.34μg/m^3,研究期内增长了 20.69μg/m^3,年均增长速度为 1.29μg/m^3。根据其变化趋势可以细分为两个阶段:①快速增长阶段(2000—2005 年)。此阶段 PM$_{2.5}$ 污染呈现快速增长态势,由 2000 年的 41.65μg/m^3 增长到 2005 年的 54.08μg/m^3,5 年时间增长了 12.43μg/m^3,年均增长速度为 2.49μg/m^3,增长速度达到了整个研究期内年均增速的两倍,这一阶段增速在整个研究期内属于峰值状态。②缓慢增长阶段(2005—2016 年)。京津冀地区 PM$_{2.5}$ 污染增长速度逐步放缓,由 2005 年的

54.08μg/m³ 增长到 2016 年的 62.34μg/m³，仅增长了 8.26μg/m³，年均增速为 0.75μg/m³，远低于研究期内年均增长速度(见图 3-6)。

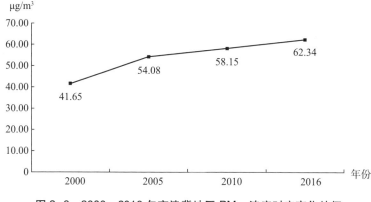

图 3-6　2000—2016 年京津冀地区 PM$_{2.5}$浓度时序变化特征

（2）分地市变化特征。京津冀地区各地市 PM$_{2.5}$浓度不同的时序变化见图 3-7，且呈现如下特征：①逐年上升变化特征，主要包括石家庄、邯郸、唐山、邢台、保定、承德、廊坊、衡水、天津，在研究期内这些城市的 PM$_{2.5}$浓度时序变化特征与京津冀地区整体变化特征保持一致，呈现逐年上升趋势。在增长速度方面，石家庄、唐山、保定、承德、廊坊、天津与京津冀地区总体变化特征保持一致，2000—2005 年为快速增长阶段，2005—2016 年为缓慢增长阶段；邯郸、邢台、衡水三个城市在增长速度方面的变化特征则表现为 2000—2010 年的增长速度低于 2010—2016 年的增长速度。②"倒 U"形变化特征，主要表现为 2000—2010 年 PM$_{2.5}$浓度值不断上升，到 2010 年达到峰值，2010—2016 年这一阶段，PM$_{2.5}$浓度值呈现下降趋势。属于这一变化特征的城市有秦皇岛、北京，两地 PM$_{2.5}$浓度值虽在 2010—2016 年有下降趋势，但 2016 年 PM$_{2.5}$浓度值均高于 2000 年。③"倒 S"形变化特征，主要表现为 2000—2005 年 PM$_{2.5}$浓度值呈上升趋势，2005—2010 年呈现小幅下降，2010—2016 年又呈现上升趋势，并在 2016 年达到研究期内 PM$_{2.5}$浓度值的峰值。属于这一变化特征城市有张家口和沧州。

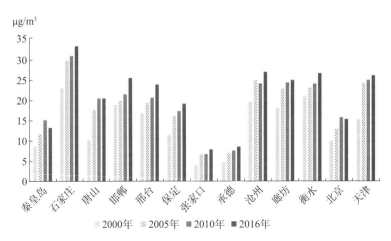

图 3-7 京津冀地区分地市 $PM_{2.5}$ 浓度时间序列变化特征

3.4.2.2 空间演化特征

我国现行的《环境空气质量标准》对 $PM_{2.5}$ 浓度值的高低界线分别设置了两级标准，一级界线标准值为 $15\mu g/m^3$，二级界线标准值为 $35\mu g/m^3$。《环境空气质量标准》中指出自然保护区、风景名胜区等需要特殊保护的一类地区适用于一级界线标准值；商业区、居住区、工业区、交通区、农村地区等二类地区适用于二级界线标准值。研究区为京津冀地区，属于"标准"中的二类地区，因此将 $35\mu g/m^3$ 作为 $PM_{2.5}$ 高低浓度的临界点；并参考相关研究，以 $10\sim30\mu g/m^3$ 为间隔，对高、低浓度进行细分，最终确定了京津冀地区 $PM_{2.5}$ 年均浓度值的 6 种类型，分别为极低浓度（$0\sim15\mu g/m^3$）、低浓度（$15\sim25\mu g/m^3$）、较低浓度（$25\sim35\mu g/m^3$）、微高浓度（$35\sim50\mu g/m^3$）、较高浓度（$50\sim70\mu g/m^3$）、高浓度（$70\sim100\mu g/m^3$）。并据此绘制京津冀地区 2000 年、2005 年、2010 年、2016 年四期 $PM_{2.5}$ 年均浓度变化情况，具体见表 3-14。

表 3-14 2000、2005、2010、2016 年京津冀地区 $PM_{2.5}$ 污染空间差异

冷热点类型	2000 年	2005 年	2010 年	2016 年
极低浓度 （$0\sim15\mu g/m^3$）	张家口、承德			
低浓度 （$15\sim25\mu g/m^3$）		张家口、承德	张家口、承德	张家口

冷热点类型	2000 年	2005 年	2010 年	2016 年
较低浓度 ($25\sim35\mu g/m^3$)	北京、保定、唐山、秦皇岛			承德
微高浓度 ($35\sim50\mu g/m^3$)	天津	北京、秦皇岛、保定	北京、秦皇岛	北京、秦皇岛
较高浓度 ($50\sim70\mu g/m^3$)	廊坊、沧州、石家庄、衡水、邢台、邯郸	邯郸、邢台、衡水、唐山、廊坊	保定、唐山、邢台、邯郸	保定、唐山
高浓度 ($70\sim100\mu g/m^3$)		石家庄、沧州、天津	天津、廊坊、沧州、衡水、石家庄	天津、廊坊、沧州、石家庄、衡水、邢台、邯郸

（1）总体空间特征：①研究区内各地市 $PM_{2.5}$ 年均浓度值为较高浓度和高浓度的地市主要集中在京津冀地区的南部，且属于这两类 $PM_{2.5}$ 污染程度的地市在研究期内不断增加。②$PM_{2.5}$ 年均浓度值为微高浓度和较低浓度的地市主要集中在京津冀中部地区。③研究区内各地市 $PM_{2.5}$ 年均浓度值为低浓度和极低浓度的城市主要分布在京津冀地区的北部，并呈现不断减少的趋势。总体来说，京津冀地区 $PM_{2.5}$ 浓度值在空间上表现为由北向南不断升高；2000—2016 年京津冀地区属于极低浓度和低浓度的城市不断减少，属于高浓度的城市不断增加。此外，唐山市作为我国钢铁工业产值最大的省辖市，其 $PM_{2.5}$ 年均浓度值虽然绝大多数年份处于微高浓度水平，但通过对比发现其污染水平均低于冀南大部分省辖市，造成这一特殊空间格局的原因是该地区紧邻海洋，来自海洋的湿润空气以及频繁的大风天气可以加速 $PM_{2.5}$ 的沉降和扩散，从而在一定程度上缓解了唐山市的 $PM_{2.5}$ 污染状况。

（2）研究期内京津冀地区 $PM_{2.5}$ 污染的空间格局虽然在整体上较为一致，但局部发生了变化（见表 3-15）：①2000 年京津冀地区处于极低浓度的城市有 2 个，分别是张家口和承德；低浓度的城市 0 个；较低浓度的城市有 4 个，分别是北京、保定、唐山、秦皇岛；微高浓度只有天津 1 个城市；较高浓度城市有 6 个，分别是石家庄、廊坊、沧州、衡水、邢台、邯郸。②2005 年京津冀地区处于极低浓度的城市变化为 0 个，张家口和承德两个城市则由 2000 年的极低浓度城市转化为低浓度城市，低浓度城市自然从 2000 年的 0 个增加到由极低浓度转化而来的张家口、承德 2 个城市；较低浓度城市由 2000 年的 4 个变化为 2005 年的 0 个，北京、保定、秦皇岛由较低浓度转化为微高浓度，唐山则由较低浓度转化为较高浓度；微高浓度城市由 2000 年的 1 个城市增加为 3 个，其中减少一个由微高浓度转化为高浓度城市的天津，增加 3 个由较低浓度城市转化而来的北京、保定、秦皇岛；较高浓度城市则由 2000 年的 6 个转化为 2005 年的 5 个，其中增加 1 个由较低浓度转化而来的唐山，减少 2 个（由较高浓度转化为高浓度的石家庄和沧州）；高浓度值城市则由 2000 年的 0 个变化为 2005 年的 3 个，其中 2 个是石家庄、沧州，从较高浓度转化而来，另外 1 个是天津，从微高浓度转化而来。③与 2005 年相比，2010 年极低浓度城市、低浓度城市和较低浓度城市在数量上和城市转化上均没有发生变化；微高浓度城市则由 2005 年的 3 个变化为 2010 年的 2 个，其中保定市由微高浓度转化为较高浓度；较高浓度城市则由 5 个变化为 4 个，其中除了增加一个由微高浓度城市转化而来的保定市，衡水和廊坊则由较高浓度转化为高浓度；高浓度城市在 2005 年的 3 个的基础上，增加了 2 个由较高浓度转化而来的衡水和廊坊，增加到了 5 个城市。④2016 年，京津冀地区极低浓度城市仍然为 0 个，低浓度城市由 2010 年的 2 个减少为 1 个，承德市由低浓度城市转化为较低浓度城市；较低浓度城市则由 2010 年的 0 个增加 1 个由低浓度城市转化而来的承德市；微高浓度城市在数目和城市转化上均没有变化；较高浓度城市由 2010 年的 4 个减少为 2016 年的 2 个，其中邢台和邯郸 2 个城市由较高浓度城市转化为高浓度城市，高浓度城市则在 2010 年 5 个城市的基础上增加邢台和邯郸 2 个由较高浓度城市转化而来的城市，增加到 7 个。

表 3-15　不同 $PM_{2.5}$ 污染程度的城市数量分布　　　单位：个

年份	0~15μg/m³	15~25μg/m³	25~35μg/m³	35~50μg/m³	50~70μg/m³	70~100μg/m³
2000	2	0	4	1	6	0
2005	0	2	0	3	5	3
2010	0	2	0	2	4	5
2016	0	1	0	2	2	7

3.4.3 珠三角地区 PM$_{2.5}$ 污染时空变化特征

珠三角地区经济发达,城市化水平高,区域整体实力较强。2016 年珠三角地区生产总值占全国经济总量的 9.2%,城镇化水平达到 69.2%。2019 年 2 月 18 日,中共中央与国务院正式发布《粤港澳大湾区发展规划纲要》,该纲要中明确了粤港澳大湾区的指导思想与战略定位,指出要进一步深化珠三角地区与港澳的协作发展,提高珠三角地区的经济发展水平和国际竞争力,并提出了绿色发展、保护生态的发展原则。但在经济和城市化水平快速发展的过程中,珠三角地区的大气颗粒物 PM$_{2.5}$ 污染状况不容乐观。因此,针对珠三角地区 PM$_{2.5}$ 污染时空格局进行分析,对于珠三角地区高质量发展和雾霾污染管控具有重要意义。

3.4.3.1 时序变化特征

由图 3-8 可知,珠三角地区 PM$_{2.5}$ 污染整体上为先上升后下降的趋势,主要分为三个阶段:①快速增长阶段:2000—2005 年珠三角各地市 PM$_{2.5}$ 污染经历了一个快速增长的时期。其中广州市在此期间年均增长幅度为 3.84μg/m^3,在各地市中增幅最大;珠海市在此期间年均增幅最小,但也达到了 1.86μg/m^3。②缓慢增长阶段:2005—2010 年珠三角地区大部分城市的 PM$_{2.5}$ 浓度处于缓慢上升阶段。其中肇庆市年均增幅最大,为 0.38μg/m^3;中山市增幅最小,为 0.02μg/m^3;最大年均增幅仅为快速增长阶段最小年均增幅的 1/5。在此期间,广州市、深圳市、东莞市 PM$_{2.5}$ 浓度为下降趋势,年均下降幅度分别为 0.44μg/m^3、0.16μg/m^3、0.18μg/m^3,其原因可能是 2010 年广州举办亚运会,亚运会期间广州市及其周边地市实施了工业源、机动车源和扬尘源污染控制等空气质量保障措施,一定程度上控制了城市细颗粒物污染情况,广州以及作为对外展示窗口的深圳、东莞三地 PM$_{2.5}$ 污染有所下降[1]。③缓慢下降阶段:2010—2016 年珠三角各地市 PM$_{2.5}$ 浓度均处于缓慢下降的阶段。该阶段年均下降幅度最大的城市为肇庆

---

① 胡伟,胡敏,唐倩,郭松,闫才青.珠江三角洲地区亚运期间颗粒物污染特征[J].环境科学学报,2013,33(7):1815-1823.

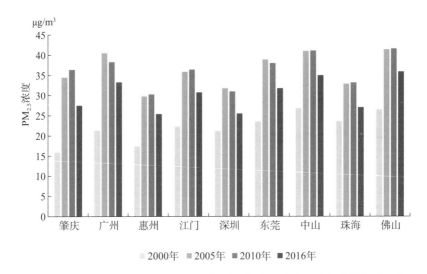

图3-8　2000、2005、2010、2016年珠三角地区 $PM_{2.5}$ 浓度时间序列变化

市，年均下降值达到了 $1.78\mu g/m^3$；下降幅度最小的城市为惠州，年均下降值为 $0.98\mu g/m^3$；与快速增长阶段的年均增幅相比，该阶段年均降幅较低，属于缓慢下降阶段。但截至2016年各地市 $PM_{2.5}$ 污染均高于2000年。出现这一变化的主要原因是珠三角地区的工业化、城市化水平在2000—2005年处于快速发展阶段，最明显的表现是二、三产业快速发展，建设用地面积扩张较大，人口、工业的聚集程度大幅度增加，产生了大量生活排放、工业废气、汽车尾气，造成 $PM_{2.5}$ 污染的快速增加[1]；在2005—2010年，珠三角地区率先在全国进行产业升级转型，第二产业比重下降，以高新技术、服务业为代表的第三产业占比增加，产业结构发生显著变化[2]。不同的产业结构对环境的影响是不相同的，一般来说，三次产业结构中，第二产业的污染强度明显要比第一和第三产业高，这是因为第二产业中的工业生产多为高消耗强度和高消耗量的粗放型生产模式，而第三产业以人力密集型企业和服务业为主，对于能源的消耗强度和排放强度则远低于第二产业[3]。

①　周春山，王宇渠，徐期莹，李世杰. 珠三角城镇化新进程[J]. 地理研究，2019，38(1)：45-63.

②　赵玲玲. 珠三角产业转型升级问题研究[J]. 学术研究，2011(8)：71-75.

③　张健. 泛珠区域产业转移的结构效应与环境效应分析[D]. 广州：广东外语外贸大学，2009.

因此，随着珠三角地区产业结构的优化升级，该地区 $PM_{2.5}$ 的污染强度也随之放缓。在 2010—2016 年，随着政府规制和生态发展理念的不断深入，珠三角地区产业结构不断优化升级，清洁能源技术的普及率不断提升，伴随着节能减排任务的出台，珠三角地区的 $PM_{2.5}$ 污染开始下降[①]。

3.4.3.2 空间特征演化

珠三角地区 $PM_{2.5}$ 浓度在空间上整体呈现"中间高，周围低"的特征。2000 年，珠三角地区 $PM_{2.5}$ 浓度整体处于较低水平，即使中部 $PM_{2.5}$ 浓度较高的佛山市、中山市也仅达到了中等污染水平，广州市、东莞市、深圳市、珠海市、江门市则处于较低浓度水平，两翼的肇庆市和惠州市则处于 $PM_{2.5}$ 低浓度地区；到了 2005 年，珠三角地区 $PM_{2.5}$ 浓度开始整体上升并且高浓度地区在空间上有扩张趋势，中部地区的广州、深圳、佛山、中山都上升成为高 $PM_{2.5}$ 浓度地区，肇庆、江门、珠海、深圳则从原来的低浓度地区或较低浓度地区上升成为较高浓度区，惠州由原来的低浓度区转变为中等浓度区；2010 年珠三角地区 $PM_{2.5}$ 污染空间格局没有发生较大变化，仅深圳市由原来的较高污染区降为中等浓度区；2016 年珠三角地区 $PM_{2.5}$ 浓度与上期相比有整体下降趋势，中部广州、东莞、佛山、中山由原来的高浓度地区降为较高浓度地区，肇庆和江门由较高浓度区降为中等浓度区，惠州和深圳则从中等浓度区降为较低浓度区。综观珠三角地区 4 期 $PM_{2.5}$ 浓度空间格局发现，虽然在时间上有先升高后降低的规律，但依然保持"中间高，周围低"的空间格局。产生这一空间分布特征的主要原因是珠三角中部地区经济发展水平、城市化水平较高，人口规模较大，二、三产业占比较高，工业废气、生活排放以及汽车尾气等较为严重，$PM_{2.5}$ 源景观优势度较高且分布较为集中，这些因素都是重要的颗粒物排放源，故而形成了 $PM_{2.5}$ 污染高值集聚区；而珠三角周边地区由于其经济发展水平和城市化水平相对较低，人口的规模效应和二、三产业占比也相对较低，进而工业废气、生活排放以及汽车尾气等也相对较少；此外，这些地区的

① 罗毅，邓琼飞，杨昆，等. 近20年来中国典型区域 $PM_{2.5}$ 时空演变过程[J]. 环境科学，2018，39(7)：3003-3013.

PM$_{2.5}$源景观优势度较低且分布较为分散，因此 PM$_{2.5}$浓度较低[①]。

3.4.4　黄河流域雾霾污染时空特征

黄河是中国第二长河，流域面积 75 万多平方公里，流经九个省（自治区）。2018 年黄河流域总人口为 4.2 亿（占全国总人口的 30.3%），地区生产总值为 23.9 亿元（占全国的 26.5%）。同时区域内分布多个农产品主产区，粮食占全国总产量的 29.5%。黄河流域也是重要的生态屏障，在中国经济社会发展和生态安全方面具有十分重要的地位。为了实现黄河流域的长治久安，中共中央将黄河流域生态保护和高质量发展设定为同京津冀协同发展、长江经济带发展、粤港澳大湾区建设、长三角一体化发展同等重要的国家战略。因此，在这样的背景下选择黄河流域为研究对象，探讨雾霾污染是非常有必要的，可以为黄河流域国家战略的顺利推进提供理论依据和技术支撑。

黄河流域生态保护和高质量发展战略涉及的省区范围还不明确，当前的研究更多地将黄河流经的 9 个省（自治区）列入黄河流域生态保护和高质量发展国家战略的范围。但考虑到国务院批准的《长江经济带发展规划纲要》将四川并入了长江经济带，内蒙古的蒙东地区也已经被纳入东北振兴国家战略，故将四川全省和蒙东地区剔除，主要考虑青海、甘肃、宁夏、陕西、山西、内蒙古（剔除蒙东地区）、河南、山东 8 个省（自治区），以地级城市为单元，探讨黄河流域雾霾污染时空特征。

3.4.4.1　黄河流域雾霾污染的时序变化

为了更直观地展示 2000—2016 年黄河流域雾霾污染的时间分布特征，将黄河流域各地级市 PM$_{2.5}$年均值的平均数作为黄河流域 PM$_{2.5}$的年均值，据此绘制出 2000—2016 年黄河流域 PM$_{2.5}$浓度变化趋势图。

从图 3-9 中可以看出，2000—2016 年黄河流域 PM$_{2.5}$值呈现波动变化。2000—2007 年 PM$_{2.5}$整体呈现快速增长趋势，只在 2004 年出现了下降，并

---

① 王桂林. 快速城市化背景下中国 PM$_{2.5}$污染时空演变过程及其与城市扩张和城市特征变化的时空关系研究[D]. 昆明：云南师范大学，2017.

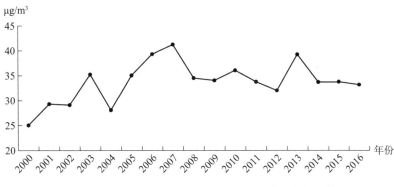

图 3-9　2000—2016 年黄河流域 PM$_{2.5}$浓度变化趋势

在 2007 年达到最大，数值为 41.23μg/m^3，该时期工业经济发展迅速，加大了能源消耗，在一定程度上加剧了雾霾污染。2007—2012 年 PM$_{2.5}$浓度值整体呈现下降的态势，此阶段国家提倡生态文明建设，生态环境保护力度加大，在一定程度上有利于黄河流域雾霾污染的降低。2013 年雾霾污染又迅速增加到 39.24μg/m^3，致使大气环境质量遭受重创，为了遏制这种状况，国家颁布了大气污染防治计划，该计划特别强调对雾霾进行全方位的治理，以减少雾霾污染对人们生产和生活的危害。并且取得了较为明显的效果，2013 年以后 PM$_{2.5}$浓度又开始呈现持续下降的态势。

3.4.4.2　黄河流域雾霾污染空间分布特征

选取黄河流域各地级市 2000 年、2005 年、2010 年、2015 年的 PM$_{2.5}$浓度数据，基于 ArcGIS 软件利用自然断裂法将雾霾污染分为五个级别：2.70~14.20μg/m^3 为低值区、14.20~27.50μg/m^3 为较低值区、27.50~37.30μg/m^3 为中等值区、37.30~52.40μg/m^3 为较高值区、52.40~88.80μg/m^3 为高值区。据此分析黄河流域雾霾污染空间分布特征。

2000 年 PM$_{2.5}$年均浓度小于 14.2μg/m^3 的低值区主要集中在内蒙古、青海省(除海东市)、甘肃省(酒泉市、嘉峪关市、张掖市、金昌市、甘南藏族自治州等)和河南省的三门峡市。河南省(濮阳市、安阳市、鹤壁市、新乡市等)、山东省(聊城市、德州市、济南市)的雾霾污染浓度相对较高，部分地市的 PM$_{2.5}$浓度超过了 50μg/m^3。2010 年黄河流域雾霾污染明显加重,最明显的表现是 $PM_{2.5}$ 浓度高值区的范围逐步扩大。除内蒙古和西南部高原地带外,其余地区 $PM_{2.5}$ 年均浓度均高于 $27.5\mu g/m^3$,特别是河南省中东部以及山东省中西部在原有基础上加重并成为流域内空气污染最为严重的地带,$PM_{2.5}$ 浓度均已超过 $75\mu g/m^3$。2016 年空气污染状况较 2010 年有所改善,$PM_{2.5}$ 年均浓度小于 $27.5\mu g/m^3$ 大于 $14.2\mu g/m^3$ 的较低值区数量增多,主要分布在中上游地区。相对而言,河南省和山东省的雾霾污染状况依旧严峻,$PM_{2.5}$ 年均浓度仍在 $50\mu g/m^3$ 以上。

综合以上分析可知,黄河流域 $PM_{2.5}$ 污染低值区稳定分布在人口密度低且生态环境较好的上游地区(比如内蒙古和青海省),高值区分布在人口密度高、能源需求量大、工业较发达的下游地区(较为典型的是山东省和河南省)。

3.4.4.3 黄河流域雾霾污染空间集聚特征

本节利用 2000—2016 年黄河流域各地级市 $PM_{2.5}$ 数据进行全局空间自相关分析。黄河流域研究期内 $PM_{2.5}$ 浓度的全局 Moran's I 指数指标值测算结果见表 3-16。

表 3-16 2000—2016 年 $PM_{2.5}$ 浓度 Moran's I 指数指标值

年份	Moran's I	Z 值	P 值
2000	0.638	11.757	0.001
2001	0.729	13.551	0.001
2002	0.767	14.369	0.001
2003	0.807	15.023	0.001
2004	0.784	14.597	0.001
2005	0.792	14.545	0.001
2006	0.802	14.870	0.001
2007	0.827	15.280	0.001
2008	0.821	15.414	0.001
2009	0.818	15.445	0.001
2010	0.840	15.774	0.001
2011	0.836	15.523	0.001
2012	0.841	15.566	0.001
2013	0.809	15.100	0.001

年份	Moran's I	Z 值	P 值
2014	0.816	15.245	0.001
2015	0.855	15.090	0.001
2016	0.835	15.646	0.001

如表 3-16 所示，2000—2016 年全局 Moran's I 都为正值，且全部通过 1%的显著性检验，表明黄河流域 $PM_{2.5}$ 浓度在空间上存在显著的正相关性，即黄河流域 $PM_{2.5}$ 浓度较高/较低的城市在空间上趋于集聚。主要原因是在大气环流、大气化学作用、地势等自然因素以及要素转移、产业集聚、交通流动等社会活动共同作用下，$PM_{2.5}$ 空间传输特征明显，区域间 $PM_{2.5}$ 污染存在互相依赖的内在联系。从时间演变来看，2000—2016 年黄河流域 $PM_{2.5}$ 浓度全局 Moran's I 指数表现出波动上升的趋势，表明 $PM_{2.5}$ 的空间相关性和趋同性呈现强化趋势。综上所述，黄河流域雾霾污染表现出了较明显的空间正相关性，极个别年份可能受风力等各种因素的影响，空间相关性的显著性有所减弱。大部分年份黄河流域的雾霾污染存在较为明显的空间集聚特征，说明大部分年份的雾霾污染存在较为明显的空间溢出效应，即某市形成的雾霾污染会扩散到周边城市，从而对周边的城市产生影响。

全局空间自相关分析能够反映整体的空间相关性和集聚特征，但并不能反映局部地区。为了进一步检验空间依赖性，对 2000 年、2005 年、2010 年、2015 年黄河流域雾霾污染水平局部空间自相关进行了分析，共有三种类型，高—高表示高值与高值集聚的情况，低—低表示低值与低值集聚的情况，低—高表示低值与高值集聚的情况。

结果显示，2000—2016 年 $PM_{2.5}$ 高值集聚区主要分布在山东省、河南省，这类区域的特点是：高值污染城市与高值污染城市相邻，城市本身及其周边地区的污染都比较严重。低—低类型即 $PM_{2.5}$ 浓度在空间上呈低值与低值集聚状态，主要分布在青海省、甘肃省和内蒙古的部分城市，污染程度相对较低。另外，从空间范围演变来看，2000 年 $PM_{2.5}$ 浓度呈高—高集聚状态的地区为河南省(济源市、洛阳市、三门峡市除外)和山东省(威海市、烟台市、青岛市、廊坊市、日照市除外)，低—低集聚类型的地区为青海省(玉树藏族自治州除外)和甘肃省(张掖市、金昌市、武威市、兰州市、临夏回族自治州）。2005—2010 年处于高—高集聚状态的城市增加了山西省晋城市，河南省济源市，山东省的廊坊市、日照市、青岛市和烟台市，这表明河南省和山东省的雾霾污染程度进一步加深。2005 年低—低集聚状态的城市增加了甘肃省的定西市，宁夏回族自治区的吴忠市、银川市、石嘴山市和内蒙古的乌海市、巴彦淖尔盟、鄂尔多斯市、包头市、呼和浩特市、乌兰察布市，山西省的朔州市、忻州市、大同市和陕西省的榆林市。2010 年处于低—低集聚状态的城市又增加了内蒙古的阿拉善盟、宁夏回族自治区的中卫市和固原市等地，但 2015 年内蒙古呈低—低集聚状态的城市却有所减少，说明该地区一些城市近几年的 $PM_{2.5}$ 浓度上升，空气污染不容忽视。其他关联类型包括高—低（$PM_{2.5}$ 浓度高值区被低值区包围）和低—高（$PM_{2.5}$ 浓度低值区被高值区包围）类型，出现得较少，由于雾霾污染具有强烈的扩散特征，孤立的低值区很难出现。

综上所述，黄河流域 $PM_{2.5}$ 高污染集聚区分布在河南和山东这两个省份。造成这种状况的原因主要是产业结构和资源消耗，山东省产业结构以第二产业为主，且高能耗工业产业的比重较大，鲁东半岛地区属于环渤海经济带，轻工业和高新技术产业发展迅速，空气污染严重。近年来河南省产业结构逐渐由第一产业向第二和第三产业转移，工业发展以汽车、机械制造业为主，且河南省拥有鹤壁煤田、三门峡煤田、新密煤田、登封煤田、平顶山煤田等多个大型煤田，煤炭资源丰富，原煤和焦炭的消耗量较大，对 $PM_{2.5}$ 浓度增加起到很大的作用。在清洁能源利用方面，河南省风能、水能、太阳能等能源的使用还处于起步阶段，风电、水电产业较少，但全省火电厂数量较多，电厂燃煤产生的颗粒物加重了河南省雾霾污染。

3.4.5　长江经济带雾霾污染时空特征

长江经济带是国家实施的"三大战略"之一，包括江苏省、浙江省、安徽省、湖北省、湖南省、江西省、四川省、贵州省、云南省、重庆市、上海市 11 个省（市），对实现中华民族伟大复兴的中国梦具有重要意义，而生态环境问题是战略实施的重要制约因素。改革开放以来，国家在第二产业发展上加大了力度，尤以水电、钢铁、石化等资源密集型产业发展最为突出，在很大程度上助推了经济增长。但是经济快速发展的同时，环境质量与经济增长失衡，经济发展越快环境破坏越严重，雾霾污染也不容忽视。

3.4.5.1 长江经济带雾霾时间特征

由图 3-10 可知，$PM_{2.5}$ 的年均浓度从 1998 年的 $26.23\mu g/m^3$ 波动增长到 2016 年的 $35.08\mu g/m^3$。其中在 2007 年达到 $44.80\mu g/m^3$ 的较高值，并在之后的十年一直处于雾霾浓度高值区。此外，参考《环境空气质量标准》（GB 3095—2012）可知，$PM_{2.5}$ 的年均浓度限值是 $35\mu g/m^3$，1998—2016 年的 19 年中有 14 年长江经济带 $PM_{2.5}$ 年均浓度值都高于年均浓度限值，可见长江经济带雾霾治理的工作刻不容缓。

图 3-10　1998—2016 年长江经济带 $PM_{2.5}$ 年均浓度变化趋势

具体来看，1998—2016 年长江经济带 $PM_{2.5}$ 浓度在时间演变上呈现"上升—下降—上升—下降—上升—下降"的阶段性特征。主要分为四个阶段：①第一阶段（1998—2000 年），呈现波动下降的趋势，由 1998 年的 $26.23\mu g/m^3$ 下降到 2000 年的 $24.57\mu g/m^3$。②第二阶段（2000—2007 年），长江经济带 $PM_{2.5}$ 浓度值持续上升，由 2000 年的 $24.57\mu g/m^3$ 增长到 2007 年的 $44.80\mu g/m^3$，且 $PM_{2.5}$ 浓度值最高的一年是 2007 年。主要原因是长江经济带正处于经济快速增长阶段，产业发展有了显著成效，其中第二产业发展最为迅速。第二产业中，石油、化工、钢铁等重工业大规模发展，推动了长江经济带城市经济的大幅增长，同时也造成了 $PM_{2.5}$ 浓度的增长。③第三阶段（2007—2012 年），此期间 $PM_{2.5}$ 浓度处于下降阶段，由 2007

$44.80\mu g/m^3$ 的最高峰下降到 2012 年的 $38.06\mu g/m^3$。此期间节约资源和保护环境成为国家时刻关注的问题，国家开始致力于建设具有低投入成本、高产出值、低能源消耗、少排放污染环境、能够循环利用资源、可持续发展的资源节约型和环境友好型的社会。同时地方政府也开始专注于雾霾污染的治理工作，调整与优化产业结构，加大治理环境污染的力度，并将环境保护的任务纳入地方发展规划中。这些都有利于雾霾污染的降低。④第四阶段（2012—2016 年），长江经济带 $PM_{2.5}$ 浓度变化呈现"上升—下降"的变化趋势。由 2012 年的 $38.06\mu g/m^3$ 上升到 2014 年的 $41.83\mu g/m^3$，然后下降到 2016 年的 $35.08\mu g/m^3$。

3.4.5.2　长江经济带 $PM_{2.5}$ 的空间分布特征

为了探讨 $PM_{2.5}$ 浓度的空间分布特征，选取有代表性的 1998 年、2007 年和 2016 年进行分析。1998 年 $PM_{2.5}$ 年均浓度小于年均浓度限值 $35\mu g/m^3$ 的低值区主要集中在长江经济带西南部的云南省（保山市、临沧市、普洱市、玉溪市、昆明市等）、贵州省（贵阳市、六盘水市、遵义市等）、江西省的东南部（赣州市、抚州市等）以及浙江省的南部（温州市、丽水市、台州市等）。这些地区大都旅游资源丰富，经济发展对旅游及相关产业的依赖较大，并且非常重视雾霾污染治理，因此雾霾污染水平相对降低。1998 年 $PM_{2.5}$ 年均浓度大于年均浓度限值 $35\mu g/m^3$ 的高值区主要集中在四川省（成都市、眉山市、自贡市等）、湖北省（黄冈市、黄石市、荆州市等）、安徽省（蚌埠市、亳州市等）以及江苏省（南京市、扬州市等）。2007 年长江经济带 $PM_{2.5}$ 浓度明显加重，高 $PM_{2.5}$ 浓度值的城市越来越多，甚至出现集中连片的现象，其中以安徽省、江西省和湖北省中部污染最为严重。随着国家对雾霾治理重视程度的提高，雾霾污染浓度出现了下降，2016 年 $PM_{2.5}$ 年均浓度在年均浓度限值 $35\mu g/m^3$ 以上地区的范围明显缩小，主要集中分布在安徽省和临近的江西省东北部，整个长江经济带空气状况得到明显改善。

综合而言，长江经济带 $PM_{2.5}$ 污染低值区主要分布在人口稀少、景色优美且旅游资源较好的东部及东南部地区，高值区主要在矿产资源较丰富的安徽省、江西省及湖北省中部地区。

3.4.5.3 长江经济带 PM$_{2.5}$ 的空间集聚特征

利用 Geoda 软件进行空间自相关分析,计算得到 1998—2016 年长江经济带各城市 PM$_{2.5}$ 的全局 Moran's I 值。

表 3-17 1998—2016 年长江经济带城市 PM$_{2.5}$ 浓度全局空间自相关分析结果

年份	全局 Moran's I 值	P-value
1998	0.697	0.001
1999	0.594	0.001
2000	0.718	0.001
2001	0.709	0.001
2002	0.670	0.001
2003	0.712	0.001
2004	0.631	0.001
2005	0.687	0.001
2006	0.708	0.001
2007	0.766	0.001
2008	0.731	0.001
2009	0.730	0.001
2010	0.736	0.001
2011	0.728	0.001
2012	0.697	0.001
2013	0.719	0.001
2014	0.717	0.001
2015	0.793	0.001
2016	0.769	0.001

由表 3-17 可知,1998—2016 年全局 Moran's I 值全部为正值,并且都通过了 1% 水平的显著性检验,这说明长江经济带 PM$_{2.5}$ 浓度在空间上具有显著的正相关性,PM$_{2.5}$ 浓度高值区与低值区在空间上出现集聚现象。1998—2000 年呈现"下降—上升"趋势,这表明在此阶段长江经济带 PM$_{2.5}$

浓度空间自相关性增加，空间集聚性增强。2000—2005 年长江经济带 Moran's I 值总体处于下降的趋势，这表明在这个时间段内长江经济带 $PM_{2.5}$ 浓度空间自相关性减少，空间集聚性减弱。2005—2010 年长江经济带全局 Moran's I 值呈上升趋势，空间自相关性增强。2010—2016 年长江经济带全局 Moran's I 值总体处于上升趋势。总体来看，1998—2016 年全局 Moran's I 值都远离期望值 E(-0.0095)，并且 z-score 远大于置信水平下的临界值，这表明长江经济带各城市 $PM_{2.5}$ 浓度呈现较为显著的空间集聚现象。

选取 1998 年、2017 年和 2016 年三个年份对长江经济带 $PM_{2.5}$ 浓度进行局部空间自相关分析。长江经济带主要有"高—高""低—低""低—高"三种集聚状态，其随时间变化也表现为一定规律性。1998 年长江经济带城市 $PM_{2.5}$ 浓度呈现"高—高"集聚的区域主要包含三个组团：四川省的眉山市、成都市、遂宁市、德阳市、资阳市等，湖北省的随州市、孝感市、黄冈市、武汉市等以及安徽省的淮南市、徐州市、亳州市、阜阳市等。呈现"低—低"集聚的城市主要分布在云南省的昆明市、丽江市、玉溪市等和江西的赣州市，呈现"低—高"集聚的主要是安徽省的芜湖市。2007 年长江经济带 $PM_{2.5}$ 浓度呈现"高—高"集聚的区域变为两个组团：湖北省的荆州市、武汉市、随州市、鄂州市等和安徽省的阜阳市、徐州市、滁州市、合肥市等，呈现"低—低"集聚的城市主要是云南省的昆明市、普洱市、临沧市、玉溪市等，以及四川省的宜宾市、攀枝花市等，呈现"低—高"集聚的主要是安徽省的芜湖市。2016 年长江经济带 $PM_{2.5}$ 浓度呈现"高—高"集聚的区域又变为三个组团：湖北省的荆州市、孝感市、武汉市、鄂州市等，安徽省的阜阳市、合肥市、亳州市等以及江苏省的连云港市、南京市、苏州市、南通市等。呈现"低—低"集聚的主要分布在云南省的昆明市、丽江市、玉溪市、昭通市和四川省的宜宾市，呈现"低—高"集聚的主要是安徽省的芜湖市。总体来说，1998 年、2007 年和 2016 年 $PM_{2.5}$ 浓度的"高—高"集聚主要分布在中下游地区的北部，比如，安徽省、湖北省和江苏省，这些区域人口密度大，经济尤其是工业总规模较大，对生态环境影响较大，雾霾污染程度相对高；"低—低"集聚主要分布在上游地区的西南地区，比如云南省、四川省、贵州省，这些地区的自然资源条件较优、人口密度较低，并且重视旅游业发展，对环境污染较少，$PM_{2.5}$ 浓度相对低。

3.5 本章小结

本章基于多空间尺度的视角，从地级城市、城市群、重点城市群(中原城市群、珠三角城市群、京津冀城市群、黄河流域、长江经济带)三个层面对雾霾污染时空格局进行综合分析，主要结论如下：

(1)城市层面。①1998—2016 年中国全域 $PM_{2.5}$ 年均浓度总体呈先上升后下降的趋势，其中 1998—2007 年 $PM_{2.5}$ 年均浓度快速增加，2007 年达到峰值 $35.21\mu g/m^3$，此后 $PM_{2.5}$ 污染整体呈现下降趋势，但在 2013 年出现了波动。核密度曲线图峰值降低且右移，图形变宽，说明中国地级及以上城市 $PM_{2.5}$ 污染情况随着时间的推移而加剧。②我国 $PM_{2.5}$ 污染在空间分布上有明显的地域差异。以胡焕庸线为分界线，分界线以东地区污染程度明显高于分界线以西地区，且胡焕庸线以东的北方比南方污染更严重。$PM_{2.5}$ 年均浓度大于 $70\mu g/m^3$ 的高污染区在 1998—2004 年迅速扩散，此后略有减少并总体趋于稳定。$PM_{2.5}$ 年均浓度大于 $35\mu g/m^3$ 的四级污染以上的区域在 1998—2004 年、2007—2016 年都呈扩大趋势，2016 年范围最大。另外，栅格差值分析表明 1998—2007 年除黑龙江北部、云南南部等呈下降趋势，胡焕庸线以东大部分地区呈上升趋势，其中河南北部、山东西部等地区增加幅度最大，在 $25\mu g/m^3$ 以上；而胡焕庸线以西地区以下降为主。2007 年以后，胡焕庸线以西以上升为主，增幅在 $5\mu g/m^3$ 左右，而中东部地区出现大范围浓度降低现象，部分地区降幅在 $25\mu g/m^3$ 以上。③空间自相关分析表明 $PM_{2.5}$ 分布具有显著的空间正相关特征，空间集聚强度随时间呈波动状态。其中，高值集聚区主要在山东、河南、河北、江苏、安徽、湖南、湖北的大部分地区以及四川东部地区；低值集聚区集中在内蒙古、黑龙江西北部、新疆、西藏以及台湾、海南、福建等南部沿海地区。热点分析显示中国地级及以上城市 $PM_{2.5}$ 的冷热点区域从西向东基本上呈"冷点—次冷—次热—热点"的圈层结构，且在空间上呈现集中连片分布。1998—2001 年以次冷和热点区域增加为主，2001—2007 年冷点区和热点区都在减少，2007—2016 年四种类型转变较频繁，总体上，热点和次热区的城市数量在下降，次冷和冷点区城市数量在上升。

（2）城市群层面。研究期内我国主要城市群平均$PM_{2.5}$浓度也呈现先增加后降低的态势。中国城市群雾霾污染空间差异性较大，京津冀城市群雾霾污染最严重，中部地区的城市群（如中原城市群、关中平原城市群、长江中游城市群等）雾霾污染也较为严重。另外，分区域看，以胡焕庸线为分界线，我国城市群雾霾污染将呈现东部城市群>西部城市群、东北部城市群>西南部城市群的特征。

（3）重点城市群层面。①中原城市群$PM_{2.5}$浓度在时间上总体呈现增长趋势，1998—2007年呈现快速增长趋势，并达到$66.54\mu g/m^3$的峰值；2008—2012年呈现缓慢下降的态势；2013—2016年呈现平稳波动态势，$PM_{2.5}$几乎没有大的变动。重心转移分析结果表明，中原城市群$PM_{2.5}$的浓度重心呈现由北向西迁移的趋势。空间自相关分析结果表明，中原城市群$PM_{2.5}$浓度在空间上呈现显著正相关性，空间集聚程度呈现下降—增长—下降—增长的波动变化态势。高值集聚区呈现由北向南转变的态势，低值集聚区较为稳定，具有锁定效应。冷热点分析表明，中原城市群在空间上存在低值集聚区—低值分散区——般区—热值分散区—热值集聚区的圈层结构。热值集聚区在空间上也呈现出由南向北的变动局面，但在数量上几乎保持不变。②京津冀地区$PM_{2.5}$浓度值在研究期内整体表现出逐年递增趋势，并分为2个增长阶段：快速增长阶段（2000—2005年）、缓慢增长阶段（2005—2016年）。各城市的时间变化特征有所差异，根据具体内容可以分为3种演变趋势：逐年上升、"倒U"形趋势、"倒S"形趋势；京津冀地区$PM_{2.5}$浓度值在空间上总体表现为南高北低的分布格局。总体来说，京津冀地区$PM_{2.5}$平均浓度值增长速度有所减缓但是污染状况仍然较为严重，且南部地区城市的污染程度比北部地区的城市严重。③珠三角地区研究期内$PM_{2.5}$污染呈先上升后下降趋势，但截至2016年珠三角各地区$PM_{2.5}$污染均高于2000年时该地区的$PM_{2.5}$污染。在空间上，珠三角地区$PM_{2.5}$污染呈中间高、周围低的空间分布规律，高值区域主要集中于广州附近地市，低值区域主要为东、西两翼的肇庆、惠州等地。④2000—2016年黄河流域$PM_{2.5}$年均浓度总体呈现出波动变化趋势，2000—2007年$PM_{2.5}$整体呈现快速增长趋势，只在2004年出现了波动下降，并在2007年达到最大；

2007—2012 年 $PM_{2.5}$ 浓度值整体呈现下降的态势。黄河流域 $PM_{2.5}$ 浓度存在较明显的大气污染的高值和低值集聚区，其中低值区稳定分布在人口密度较低且生态环境较好的内蒙古中部和西南部高原地区；高值区分布在人口密度较大、能源需求量大、经济比较发达的地带，较为典型的是河南省和山东省。⑤长江经济带 1998—2016 年 $PM_{2.5}$ 浓度在时间演变上呈现"上升—下降—上升—下降—上升—下降"的阶段性特征。从 1998 年的 26.23μg/m³ 增加到 2016 年的 35.08μg/m³，在此研究阶段内，$PM_{2.5}$ 年均浓度变化呈现出了"上升—下降—上升—下降"的四个阶段性特征。其中在 2007 年达到了 44.80μg/m³ 的最高浓度值，远超 35μg/m³ 的年均浓度限值，污染状况不容乐观。在空间分布特征中，长江经济带雾霾污染在空间上具有正相关性，并且集聚效应明显，存在明显的高值区与低值区，高值区主要分布在矿业较为丰富、工业较为发达的长江中下游北部地区，低值区主要分布在以旅游业为主、景色优美的长江上游西南地区。

第4章

考虑雾霾污染的城市绿色技术效率

针对在城市化和工业化进程中产生的较为严重的雾霾污染，并造成的较为广泛的影响，我们关注的是：雾霾污染影响下的城市绿色技术效率是什么状态？基于此，本章主要探讨雾霾污染影响下的城市绿色技术效率。为实现这一目标，将雾霾污染纳入技术效率测度框架，采用 SBM 模型测度城市绿色技术效率，依据测度结果分析黄河流域城市绿色技术效率的时空特征，并利用空间计量经济模型探讨其影响因素。

4.1 绿色技术效率的内涵

4.1.1 问题的提出

从理论上来讲，城市经济的增长主要源自两个方面：一是资源投入的增加；二是生产率的提高。在资源尤其是土地资源有限的条件下，城市经济的可持续性增长必须依靠生产率的提高，也就是说，在当前投入不能快速增加的背景下，城市经济的长期增长能力应主要来自生产率的累积和提高。由此可见，生产效率问题在城市经济中具有重要作用。生产活动对自然资源和生态环境具有较强的依赖性，无效率的生产活动带来的必然结果是更多的资源与能源投入。过多的资源和能源投入也会带来环境污染等问题。事实上，我国城市发展的巨大成就在很大程度上是靠牺牲生态环境取得的，城市发展与环境保护的矛盾日益突出。为实现城市与资源环境协调发展，不能再局限于如何确保经济增长速度，还必须充分考虑资源承载能力及其可能导致的环境问题。城市发展过程中的环境问题是不可避免的，并且会对城市经济绩效产生影响。具体到城市技术效率测度，也需要考虑环境污染的影响，需要将环境污染因素纳入城市技术效率的范畴，一方面与当前环境污染日益严重的现实符合，由于环境管制将本来可以用于生产的投入配置到污染治理活动中，在面临环境管制的背景下，生产单位治理污染投入的成本包含在测算生产率的投入中，而传统的测度方法仅仅用合意产出（desirable output）或"好产出"（good output）的增长率减去所有投入的贡献，非合意产出（undesirable output）或"坏产出"（bad output）的下降并没有被考虑，因此传统生产率的测度方法会使生产率增长的测算出现偏差。另一方面对于"好产出"和"坏产出"的不平衡处理扭曲了对城市经济绩效和社会福利水平变化的评价，进而会使在此基础上提出的政策建议因缺乏现实基础而不具有可操作性。可见，测度环境因素对城市技术效率的影响可以更加全面地反映城市经济增长的质量和效果，是推动城市可持续发展的重要方面，具有重要的政策和实践指导意义。

在实践层面，2021 年我国城市化水平达到了 64.7%，正处在快速城市化阶段，城市发展取得了长足进步。但必须看到，此过程中产生了两方面的问题：一是城市空间的过度扩张导致大量的农用地转化为非农建设用地，同时城市内部的土地利用效率低下，不仅对耕地保护和国家粮食安全造成了威胁，也不利于城市健康发展和提高城市竞争力；二是产生了越来越严重的环境污染问题，其中对生产和生活造成的负面效应日益凸显。在这样的背景下，如何实现城市与环境保护二者的和谐发展成为社会关注的焦点。现阶段我国正在大力推进转变经济发展模式的新战略，为此国家提出了"创新、协调、绿色、开放、共享"的新发展理念，其中"绿色"主要强调"绿色发展"的重要性。党的十九大报告全面阐述了推进绿色发展的战略部署，绘制了绿色发展的路线图。绿色发展包含两方面：一是创造更多物质财富和精神财富以满足人民对美好生活的向往；二是提供更多优质生态产品以满足人民对优美生态环境的需要。基于这一点，绿色发展的目标是在打造"两型"（"资源节约"与"环境友好"）社会的基础上，实现经济、社会和生态环境的协调发展①②。在城市发展过程中要始终贯彻人与自然和谐

---

① 李晓西，刘一萌，宋涛. 人类绿色发展指数的测算[J]. 中国社会科学，2014(6)：68-95.

② 胡鞍钢，周绍杰. 绿色发展：功能界定、机制分析与发展战略[J]. 中国人口·资源与环境，2014，24(1)：14-20.

共处、永续发展的绿色发展理念,实现经济效益、社会效益和生态效益的统一,即城市绿色发展。最关键的是遵循绿色发展的理念,推行城市绿色发展。从某种意义上说,城市绿色发展既是过程(将绿色发展理念融入城市发展过程之中),也是城市发展目标(最大限度增加经济产出和社会福祉,同时最大限度地降低环境污染)。将绿色发展理念融入技术效率测度过程,称为绿色技术效率。本部分将聚焦城市绿色技术效率问题,合理测度雾霾污染影响下的城市绿色技术效率并探讨其空间格局及影响因素,这对于城市可持续发展的实现及相关政策的制定具有重要的理论和现实意义。

4.1.2 绿色技术效率的内涵及与相关概念的区别

城市技术效率指的是在一定的生产技术条件下城市生产系统的投入要素与产出的比例。按照党的十九大报告的阐释,绿色发展的本质是在产出不降低的前提下减少资源投入和污染排放,即资源节约和环境友好型生产方式,同时增加公共物品的有效供给,加强环境治理和保护,极力满足居民对环境品质和生活质量的需求,增加城市居民的福祉,实现经济、社会、生态环境全面协调可持续发展。根据上文对城市技术效率内涵的界定,结合绿色发展理念,本书将"城市绿色技术效率"的概念界定为:在一定生产技术条件下城市发展系统的投入要素和产出(包括经济、社会和生态环境三个维度)的比值。可见,城市绿色技术效率强调"经济—社会—生态环境"三大子系统的耦合,其内涵应包括三个层次:①经济内涵,即在既定的生产技术条件和要素投入水平下,在城市生产中尽可能多地获得经济收益;②社会内涵,以最大限度满足城市居民对提高生活质量(包括物质和精神产品消费以及公共产品供给等方面)的需求为目标,同时全面提高城市居民的福祉水平;③生态环境内涵,即要求城市发展要注重生态环境保护和建设,并最大限度减少此过程中的非合意产出(环境污染和生态破坏),不断满足城市居民对环境质量和生态产品的需求。

城市绿色技术效率与另外两个相关概念城市技术效率和城市环境技术效率是有区别的,主要体现在城市发展目标的差异方面。在既定的生产技术条件和投入要素水平下,城市技术效率偏重经济方面的产出,并将经济效益最大化作为城市发展目标；城市环境技术效率既考虑合意产出（比如经济收益），又考虑非合意产出（比如环境污染和生态破坏），其目标是实现经济收益最大化和环境污染最小化。城市绿色技术效率则是以经济收益和社会维度产出为合意产出，以环境污染为非合意产出，其目标是实现经济收益和社会维度产出（如社会服务）的最大化以及环境污染的最小化。另外，必须看到三者之间也存在一定的关联性。城市环境技术效率是在继承城市技术效率精髓的基础上加入了"环境因素"的约束，这是在生态环境方面进步与发展的结果；城市绿色技术效率是在继承城市环境技术效率精髓的基础上加入了"社会产出因素"，这是在社会发展方面进步与发展的结果。即三者的关系主要体现在研究内容上的不断扩充和丰富，从经济领域逐步扩充到生态环境领域再到社会发展领域。总之，三者之间是继承与发展的关系，是城市居民对生活质量和环境质量的需求不断得到满足的体现。

4.2 测度方法、指标体系与数据处理

本节首先介绍技术效率测度方法，说明各测度方法优缺点并阐述本书选择方法的原因；其次构建投入—产出指标体系，并解释指标选择原则与依据，以测度城市群绿色技术效率；最后介绍数据的来源与处理。

4.2.1 技术效率测度方法

关于技术效率的测度方法，比较常用的有传统 DEA 模型、方向性距离函数、超效率 SBM 模型等，这几个方法各有适用范围和优缺点。

4.2.1.1 传统 DEA 模型

传统数据包络分析（DEA）模型是一种综合运用运筹学、管理学以及经济学相关知识的定量分析方法。该方法强调多投入多产出[①]，通过数学模型对决策对象运行效率进行测算。在这个模型测算过程中，评价单元的有

---

① Charnes A, Cooper W W, Rhodes E. Measuring the efficiency of decision-making units[J]. European Journal of Operational Research, 1978, 12(6): 429-444.

效性主要通过数学线性规划自动识别，人们在测算过程中只需要明确给出投入数据与产出数据即可。传统 DEA 方法与简单投入产出比计算方法不同，该方法的应用范围更为广泛，也可以用在更加复杂的分析对象上。但是在实际研究中，研究对象往往更具有复杂性，投入和产出结构并不能使用同一种计量单位，用单一指标来表征投入和产出也有一定局限，这种情况下使用投入产出比来衡量效率是不科学的，往往需要用 DEA 方法来完成研究。DEA 方法的显著优点就是无须构建生产函数，相比单纯利用投入产出比来衡量效率的方法，可以避免在实证研究中出现对所选指标赋予权重时的主观性。但是 DEA 方法也存在很多弊端：①DEA 方法不对 DMU 进行评估；②DEA 方法衡量产出只能为正；③DEA 方法中投入与产出对评估结果影响较大；④DEA 方法无法进行影响效率原因分析；⑤DEA 方法评价 DMU 必须有足够的数量。

Farrell（1957）从投入角度对技术效率进行考察，认为技术效率是在生产技术和市场价格不变的条件下，按既定的要素投入比例，生产一定量的产品所需投入的最小成本与实际生产成本的比值。Leibenstein（1966）从产出角度对技术效率进行考察，即技术效率是在一定生产技术和价格水平下，相同的投入生产单元实际产出与理想的最大可能性产出的比率。为了更好地理解这一定义，Drake 和 Hall（2003）设计了一种单一的投入—产出曲线图（见图 4-1），以 x 表示投入，y 表示产出。VV' 线表示规模报酬可变的生产最佳前沿面，线上的每一点都具有完全的技术效率，若生产组合落在 VV' 线的右下方，表示不具有技术效率。AT 线表示产出不变的投入成本线，OC 线表示规模报酬不变的生产最佳前沿面。当一个企业以 R 点的投入组合生产单位产品时，线段 SQ 即代表了该企业的技术无效率，当投入由 R 点等比例降至 Q 点时，产量并不减少。这里用 QR/AR 来表示所有投入可以降低的比例，而企业在 R 点的综合技术效率（TE）可以表示为：

$$TE = AQ/AR = (1-QR)/AR \qquad (4-1)$$

当 $0<TE<1$ 时，不具有完全的技术效率。

另外，纯技术效率 $PTE = \dfrac{AS}{AR}$，规模效率 $SE = \dfrac{AQ}{AS}$。可将技术效率做如下变性：

$$TE = \frac{AQ \times AS}{AR \times AS} = \frac{AS}{AR} \times \frac{AQ}{AS} = PTE \times SE \qquad (4-2)$$

因此，技术效率可以分解为纯技术效率（PTE）和规模效率（SE）的乘积。可见，规模效率可以通过 $SE = TE/PTE$ 求得。规模效率的变化反映投入增长对总要素生产率变化的影响，根据规模效率可以判断生产单元所处的递增或递减的规模报酬区间，据此可以调整各生产单元的生产规模，使其达到生产规模的最佳状态。

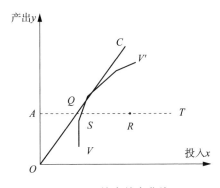

图 4-1　技术效率曲线

对于生产函数的估计和模拟，Farrell（1957）认为可以利用大样本数据进行。按照 Farrell 的思路，S. N. Afiat（1972）采用最大似然法建立了前沿生产函数模型，开了运用计量经济测度技术效率的先河。D. Aigner、C. Lovell 和 C. Schmidt（1977），W. Meeusen 和 J. Vanden Broeck（1977）分别提出了随机前沿生产函数（Stochastic Frontier Approach，SFA），使技术效率的测度由理论探索转向实际应用。A. Charnes 和 W. W. Cooper 等（1978）提出用数据包络分析（Data Envelopment Analysis，DEA）方法测度技术效率，此方法可以使用多项投入和多项产出指标，并且不需要假设具体的生产函数形式，避免了因函数形式错误而造成效率测度误差，因此，目前是测度技术效率的常用模型之一。

目前常用的 DEA 模型是 CRS 模型和 VRS 模型，二者的最大区别在于规模报酬的假设，前者假设规模报酬是不变的，测度的是综合技术效率（TE），它衡量的是投入转化为产出的效率；后者去掉了这个基本假设，测度的是规模报酬可变条件下的纯技术效率（PTE）。

（1）测量综合技术效率的 CRS 模型

CRS 模型采用固定规模假设，以线性规划法估计生产边界，然后衡量
每一决策单位的相对效率。假设在一项生产活动中有 m 种类型的输入及 s
种类型的输出，现有 n 个决策单元（Decision Making Units，DMU），第 j 个
决策单元对应的输入和输出向量分别为：

$$x_j = (x_{1j},\ x_{2j},\ \cdots,\ x_{mj})^T > 0,\ j = 1,\ 2,\ \cdots,\ n$$

$$y_j = (y_{1j},\ y_{2j},\ \cdots,\ y_{nj})^T > 0,\ j = 1,\ 2,\ \cdots,\ n$$

输入权和输出权向量分别为 $v = (v_1,\ v_2,\ \cdots,\ v_m)^T$，$u = (u_1,\ u_2,\ \cdots,\ u_m)^T$。$v_i$ 为第 i 种类型输入的一种度量（权），u_r 为第 r 种类型输入的一种

度量（权）。每个 DMU 的"效率评价指数"可以表示为 $h_{j_0} = \dfrac{u^T y_j}{v^T x_j} = \dfrac{\sum\limits_{r=1}^{s} u_r y_{rj_0}}{\sum\limits_{i=1}^{m} v_i x_{ij_0}}$。

选取适当的权数 u、v 的值，使 $h_{j_0} \leq 1$。对第 j_0 个决策单元进行评价，在各
决策单元的效率指数均不大于 1 的条件下，求一组最优权数 u、v，使 h_{j_0} 最
大。这是一个分式规划问题，使用 Charnes-Cooper 变化，并引入松弛变量
和非阿基米德无穷小量，可变为：

$$\min\theta - \varepsilon(\widehat{e}^T s^- + e^T s^+)$$

$$\text{s.t.} \sum_{j=1}^{n} X_j \lambda_j + s^- = \theta x_0$$

$$\sum_{j=1}^{n} Y_j \lambda_j - s^+ = y_0$$

$$\lambda_j \geq 0,\ j = 1,\ \cdots,\ k$$

$$s^- \geq 0,\ s^+ \geq 0 \tag{4-3}$$

式（4-3）中 θ 为基于规模报酬不变的综合技术效率（TE），它测度的是
投入转化为产出的效率（Lovell，1993）。

（2）测量纯技术效率的 VRS 模型

纯技术效率（PTE）可以利用 1985 年 A. Charnes、W. W. Cooper 和
B. Golany 等对 CRS 模型改进后的 VRS 模型进行求解，在该模型中增加了
对权重 λ_j 的凸性条件约束：$\sum \lambda_i = 1$，具体如下：

$$\min \theta' - \varepsilon \left(\widehat{e}^T s^- + e^T s^+ \right)$$

$$\text{s. t. } \sum_{j=1}^{n} X_j \lambda_j + s^- = \theta' x_0$$

$$\sum_{j=1}^{n} Y_j \lambda_j - s^+ = y_0$$

$$\lambda_j \geqslant 0, \ j = 1, \ \cdots, \ k$$

$$\sum \lambda_j = 1$$

$$s^- \geqslant 0, \ s^+ \geqslant 0 \tag{4-4}$$

式(4-4)中 θ' 为纯技术效率(PTE),它衡量的是生产领域中技术更新速度的快慢和技术推广的有效程度。

4.2.1.2 方向性距离函数

DEA 方法是用典型非参数方法求解,不能用于参数方式计算中,这个难题可以用方向性距离函数来解决。方向性距离函数应用较早,最早的距离函数是 20 世纪 70 年代 Shephard 基于生产函数定义的距离函数,后被人们称为 Shephard 距离函数。这种距离函数在计算过程中将期望与非期望产出同等对待,不符合测算意图。后来,随着环境因素在人们生活中越来越重要,人们在测算过程中逐步将环境因素的影响考虑在内,在 1997 年,Chuang 等提出方向性距离函数,这是一种通过方向向量来定义决策单元在生产前沿上投影方向的方法。Chuang 的方向性距离函数运用了 DEA 思想,但是,DEA 基础模型仅仅是方向性距离函数在不同方向下的特殊情形。方向性距离函数有两种:一种是投入;另一种是产出,产出分为期望产出和非期望产出两种。Chuang 的这一发现将非期望产出加入效率分析框架中,使得所测结果更符合实际生产规律[1]。但是,计算 Shephard 距离函数和 Chuang 的方向性距离函数都是采用径向的、角度的 DEA,方向设定过于简单,缺乏理论基础且没有讨论方向选择问题,而方向选择不同会直接影响研究结果;此外,方向性距离函数将所有投入与产出维度下距离设置为一样的数值,这样会导致部分投入或产出的冗余不能被最大

---

① Chuang Y H, Fste R, Grosskopf S. Productivity and undesirable outputs:A directional distance function approach[J]. Journal of Environment Management,1997,51(3):229-240.

限度减少，而且如果 DMU 在某一个投入产出维度下距离很短，那么其结论很有可能是效率较高，这是不科学的。

将环境因素引入经济系统的测度中，最关键的是全面科学地反映资源投入、经济增长和环境污染之间的关系。而传统技术效率的计算仅仅考虑投入与产出之间的关系，没有考虑环境污染治理。为了将环境因素纳入生产率分析框架中，我们将经济活动的产出区分为"好"产出（正常的产品）和"坏"产出（不受欢迎各种污染物）。Fare 等（2007）将包括"坏"产品在内的产出与要素资源投入之间的技术结构关系称为环境技术。环境技术与传统的投入产出技术结构最大的区别是：在投入一定的情况下，减少环境污染排放需要投入净化设备，相应地，会减少"好"产品生产的投入，导致"好"产品减产。假设某个城市经济活动中使用 n 种投入 $x = (x_1, x_2, \cdots, x_n) \in R_+^n$ 得到 m 种"好"产出 $y = (y_1, y_2, \cdots, y_m) \in R_+^m$ 和 t 种"坏"产出 $b = (b_1, b_2, \cdots, b_t) \in R_+^t$，那么生产可行性集可以表示为：

$$P(x) = \{(y, b): x \text{ 可以生产} (y, b)\}, \quad x \in R_+^n \qquad (4-5)$$

生产可行性集 $P(x)$ 具有以下特点：①联合弱可处置性（jointly weak disposability），即"好"产出和"坏"产出在一定的技术条件下具有同比例增减特性，减少污染排放就要付出代价。这个特性说明了"坏"产出的减少需要投入资源设备治理环境污染，最终导致正常的产出因为投入减少而减少。②没有"坏"产品就没有"好"产品，$(y, b) \in P(x)$，且 $b = 0$，那么 $y = 0$。

运用数据包络分析（DEA）可以将满足上述特点的环境技术模型化，假设每一个时期 $t = 1, 2, \cdots, t$；第 k 个（$k = 1, 2, \cdots, k$）决策单元（地区）的投入和产出值为 $(x^{k,t}, y^{k,t}, b^{k,t})$。

$$P^t(x^t) = \begin{cases} (y^t, b^t): \sum_{k=1}^{K} z_k^t y_{km}^t \geq y_{km}^t, \quad m = 1, 2, \cdots, m \\ \sum_{k=1}^{K} z_k^t b_{ki}^t = b_{ki}^t, \quad i = 1, 2, \cdots, i \\ \sum_{k=1}^{K} z_k^t x_{kn}^t \geq x_{kn}^t, \quad n = 1, 2, \cdots, n \\ z_k^t \geq 0, \quad k = 1, 2, \cdots, k \end{cases} \qquad (4-6)$$

z_k^t 表示每一个横截面观察值的权重，非负的权重变量表示生产技术是规模报酬不变的。

虽然环境技术的构造可以帮助我们解释环境技术概念，但是计算却是很困难的。在当前日益重视环境问题的情况下，生产中的一个重要目标就是减少污染（"坏"产出），保持经济增长（"好"产出）。为了计算环境技术效率，需要通过方向性距离函数将生产过程模型化。方向性距离函数是Shephard距离函数的一般化，有投入和产出两种方向性距离函数。由于本研究所要实现的是在既定的产出下达到最大的"好"产出和"坏"产出，因此使用基于产出的方向性距离函数：

$$D_0(x,\ y,\ g) = \sup\{\beta:\ (y,\ b) + \beta_g \in P(x)\} \tag{4-7}$$

$g = (g_y,\ g_b)$ 是产出扩张的方向向量。根据"坏"产出表现出技术上的强弱可处置性，方向性距离函数需要选择不同的方向向量。为了更好地理解方向性距离函数，我们首先考虑方向向量是 $g = (y,\ 0)$，并且在构造技术函数时不考虑"坏"产出。也就是在忽略污染排放的情况下（忽略产出 b 的情况下），通过DEA模型可以计算距离函数的值。这其实就是一个标准的DEA模型。

$$D_0^t(x^{t,k'},\ y^{t,k'},\ 0;\ y^{t,k'},\ 0) = \max\beta$$

$$\text{s. t.} \sum_{k=1}^{K} z_k^t y_{km}^t \geqslant (1+\beta)y_{k'm}^t,\ m = 1,\ 2,\ \cdots,\ m$$

$$\sum_{k=1}^{K} z_k^t x_{kn}^t \geqslant x_{k'n}^t,\ n = 1,\ 2,\ \cdots,\ n;\ z_k^t \geqslant 0,\ k = 1,\ 2,\ \cdots,\ k \tag{4-8}$$

方向向量是 $g = (y,\ -b)$，并且"坏"产出在技术上具有弱可处置性，这种状况下要求同比例地增加"好"产出而减少"坏"产出。利用DEA模型来求解方向性距离函数，需要求解下面的线性规划：

$$D_0^t(x^{t,k'},\ y^{t,k'},\ b^{t,k'};\ y^{t,k'},\ -b^{t,k'}) = \max\beta$$

$$\text{s. t.} \sum_{k=1}^{K} z_k^t y_{km}^t \geqslant (1+\beta)y_{k'm}^t,\ m = 1,\ 2,\ \cdots,\ m$$

$$\sum_{k=1}^{K} z_k^t b_{ki}^t = (1-\beta)b_{k'i}^t,\ i = 1,\ 2,\ \cdots,\ i$$

$$\sum_{k=1}^{K} z_k^t x_{kn}^t \leqslant x_{k'n}^t,\ n = 1,\ 2,\ \cdots,\ n$$

$$z_k^t \geqslant 0, \quad k = 1, 2, \cdots, k \tag{4-9}$$

可见，方向性距离函数采用非参数线性规划技术，计算单个决策单元（地区）在某一时期相对于环境前沿生产者（给定技术结构和要素资源投入水平，产出最大、污染排放最少的生产者或地区）的距离，即生产者相对于环境生产前沿，产出扩张与污染缩减的最大可能倍数。与环境产出前沿的距离越大，环境技术效率越低。如果一个地区的环境技术效率等于 1，表示该地区在与其他地区的比较中，投入产出和污染排放处于最佳的水平，相对而言，资源投入最少、产出最多、污染排放最少。

4.2.1.3 超效率 SBM 模型

数据包络分析方法自 1979 年首次被提出后就引起广泛关注。Tone 提出的超效率 SBM 模型在计算时，考虑松弛改进部分，有效避免了方向性距离函数的缺点[①]；超效率 SBM 模型有一个明显优点就是相对于其他测算模型，该测算模型解决了无法进一步对比分析的问题。传统 DEA 模型有一个过于理想化的假设，期望能够用最小的投入换取最大的产出，这个假设过于理想，而在实际生产生活中，必然会产生对社会有不利影响的非期望产出，这是不可避免的，忽略非期望产出的绿色技术效率评价，其可信度与科学性会大打折扣，基于此，本书选择考虑非期望产出的超效率 SBM 模型，其模型公式为：

$$\min \rho = \frac{1 + \dfrac{1}{m} \sum_{i=1}^{m} \dfrac{s_i^-}{x_{ik}}}{1 - \dfrac{1}{q_1 + q_2} \left(\sum_{r=1}^{q_1} \dfrac{s_r^+}{y_{rk}} + \sum_{t=1}^{q_2} \dfrac{s_t^{b-}}{b_{rk}} \right)} \tag{4-10}$$

$$\sum_{j=1, \, j \neq k}^{n} x_{ij} \beta_j - s_i^- \leqslant x_{ik} \tag{4-11}$$

$$\sum_{j=1, \, j \neq k}^{n} y_{rj} \beta_j + s_i^+ \geqslant y_{rk} \tag{4-12}$$

$$\sum_{j=1, \, j \neq k}^{n} b_{ij} \beta_j - s_t^{b-} \leqslant b_{ik} \tag{4-13}$$

---

① Tone K. A Slacks-based measure of efficiency in data envelopment analysis[J]. European Journal of Operational Research, 2001, 130(3): 498-509.

$$1 - \frac{1}{q_1 + q_2}\left(\sum_{r=1}^{q_1} s_r^+ \geqslant y_{rk} + \sum_{t=1}^{q_2} s_t^{b-} \leqslant b_{rk}\right) > 0 \qquad (4-14)$$

β，s^-，$s^+ \geqslant 0$；$i = 1$，2，$\cdots$，m；$r = 1$，2，$\cdots$，q；$j = 1$，2，$\cdots$，$n(j \neq k)$

式中，s_i^- 为投入，x_{ik} 为城市化过程中的投入，s_i^+ 为在测算过程中人们所能接受的期望产出，y_{rk}、b_{ik} 分别表示两种产出，即人们可接受的期望产出、对人类有不利影响的非期望产出，q_1、q_2 分别表示数量。

4.2.2　投入—产出构建指标体系

本书在满足运用超效率 SBM 模型进行研究的相关要求前提下，结合研究对象自身特征和实际情况，以科学性、目的性、精简性、系统性、数据可获取性为原则，通过阅读与梳理相关文献，对众多专家学者构建的测度城市群绿色技术效率的指标体系进行总结，从中汲取思想观念、知识技能，作为本书选取指标的依据与基础①②③④⑤⑥。本书以土地、劳动力、资本作为投入部分指标，而产出部分指标包括两部分：一部分是期望产出，分别是经济效益和社会效益，经济效益是指以尽量少的劳动收获尽量多的成果，社会效益是指某项活动满足人类公共需要的度量，这两个指标分别以国内生产总值以及社会发展指数表征；另一部分是非期望产出，以城市 $PM_{2.5}$ 浓度来作为非期望产出指标。具体如表4-1所示。

---

① 杨浩．湖北省城市土地绿色利用效率评价研究［J］．地理空间信息，2020，18(9)：6，23-27．

② 卢新海，杨喜，陈泽秀．中国城市土地绿色利用效率测度及其时空演变特征［J］．中国人口·资源与环境，2020，30(8)：83-91．

③ 梁流涛，雍雅君，袁晨光．城市土地绿色利用效率测度及其空间分异特征：基于284个地级以上城市的实证研究［J］．中国土地科学，2019，33(6)：80-87．

④ 樊鹏飞，冯淑怡，苏敏，许明军．基于非期望产出的不同职能城市土地利用效率分异及驱动因素探究［J］．资源科学，2018，40(5)：946-957．

⑤ 龙开胜，李敏．长三角城市土地稀缺与土地利用效率的交互影响［J］．中国土地科学，2018，32(9)：74-80．

⑥ 李崇明，胡俊杰．基于DEA的城市土地利用效率时空差异及影响因素分析：以吉林省9地市为例［J］．长江流域资源与环境，2020，29(3)：678-686．

表 4-1　城市群绿色技术效率评价指标

目标层	类别	准则层	指标层	单位
城市群绿色技术效率	投入	土地	城市建成区面积	km²
		劳动力	二、三产业从业人数	万人
		资本	固定资产投资总额	万元
	期望产出	经济效益	国内生产总值	万元
		社会效益	社会发展指数	—
	非期望产出	环境污染	PM$_{2.5}$浓度	μg/m³

（1）投入。在土地投入方面，选择城市建成区面积作为投入指标，城市建成区是城市土地进行各种社会经济活动的基础载体；在劳动力投入方面，选择城市中二、三产业从业人数作为投入指标，城市建设发展劳动力基础就是城市二、三产业从业人数，他们是城市劳动力的最大来源，与经济产出息息相关；在资本投入方面，选择固定资产投资总额作为投入指标，固定资产投资总额是反映城市投入的一个重要指标。

（2）期望产出。基于经济效益和社会效益两方面考虑，经济效益方面选取国内生产总值为产出指标，国内生产总值是衡量经济活动中产生经济效益多少的指标；社会效益方面，本书参照前人相关文献做法[1][2]，利用社会发展指数来表征。在遵循社会发展规律的基础上，参考相关文献，基于可行性、科学性、数据的可获取性原则，本书选取能够对社会发展情况进行评价和分析的指标体系（见表 4-2）。

（3）非期望产出。非期望产出是在经济发展过程中创造经济和社会收益的同时产生的环境污染物，考虑到新环境保护政策以及指标综合性，结

---

[1]　孙才志，姜坤，赵良仕. 中国水资源绿色效率测度及空间格局研究[J]. 自然资源学报，2017，32(12)：1999-2011.

[2]　沈建国，沈佳坤，杨赐. 社会发展指数评价指标体系的构建研究[J]. 前沿，2015，5(379)：126-130.

合相关学者研究经验①②③，本书选择 PM$_{2.5}$浓度作为非期望产出指标，该指标对未来城市经济发展、生态环境研究具有更强适用性。

表 4-2 社会发展指数指标体系

目标层	一级指标	二级指标	指标类型
社会发展指数	人口控制	自然增长率	−
	社会消费品零售额	地均社会消费品零售额	+
	劳动力素质	每百人公共图书馆藏书	+
	政府对科教的重视程度	科教支出占财政总支出的比重	+
	公共交通	年末实有公共汽车数	+
	医疗资源	每万人拥有病床位数	+
	生活水平	职工平均工资	+
	城市道路	人均道路面积	+
	高等教育水平	高等学校数量	+

4.2.3 数据来源与处理

本书选取的研究对象为中国 19 个城市群，一些城市群如天山北坡城市群数据缺失严重，仅保留部分城市，其余城市做剔除处理，对于少许样本缺失数据，本书通过线性插值法给予补充，研究时间为 2001—2016 年。投入产出方面数据来源于《中国城市统计年鉴》《中国城市建设统计年鉴》。非期望产出方面雾霾污染数据来源于哥伦比亚大学国际地球科学信息网络中心发布的 1998—2016 年全球历史 PM$_{2.5}$年平均栅格数据集。该数据集通过地理加权回归法，结合多种卫星仪器获得。该栅格数据具有覆盖范围广（55°S~70°N）、时间序列长、集精度高（分辨率达到 0.01°，即 1km×1km）的特点，适用于大范围尺度的 PM$_{2.5}$污染相关研究。本书用 ArcGIS 10.2 区域统计工具（Zonal Statistics as Table）提取 2001—2016 年各城市群 PM$_{2.5}$平

---

① 卢新海，陈丹玲，匡兵．区域一体化背景下城市土地利用效率指标体系设计及区域差异：以长江中游城市群为例[J]．中国人口·资源与环境，2018，28(7)：102-110.

② 张苗，甘臣林，陈银蓉．基于 SBM 模型的土地集约利用碳排放效率分析与低碳优化[J]．中国土地科学，2016，30(3)：37-45.

③ 袁凯华，梅昀，陈银蓉，兰梦婷．中国建设用地集约利用与碳排放效率的时空演变与影响机制[J]．资源科学，2017，39(10)：1882-1895.

均浓度值。

本书对搜集到的各城市基础数据进行处理,利用公式对社会发展指数进行处理。首先对数据进行标准化处理:

①正向指标标准化:

$$X'_{ij} = \frac{X_{ij} - \min(X_{ij})}{\max(X_{ij}) - \min(X_{ij})} \tag{4-15}$$

②负向指标标准化:

$$X'_{ij} = \frac{\max(X_{ij}) - X_{ij}}{\max(X_{ij}) - \min(X_{ij})} \tag{4-16}$$

式中,X'_{ij} 表示变量 X_{ij} 归一化值,取值范围为 $[0, 1)$。

然后根据均方差决策法对标准化后数据进行处理,计算其相应权重和综合评价值:

$$E(A_i) = \frac{1}{m} \sum_{j=1}^{m} X_{ij} \tag{4-17}$$

$$\delta(A_i) = \sqrt{\sum_{j=1}^{m} \left[X_{ij} - E(A_i) \right]^2} \tag{4-18}$$

$$W(A_i) = \delta(A_i) \bigg/ \sum_{j=1}^{n} \delta(A_i) \tag{4-19}$$

$$Z = \sum W(A_i) X_{ij} \tag{4-20}$$

式中,Z 表示社会发展综合指数,$W(A_i)$ 表示各个变量权重。

4.3 城市群绿色技术效率时空格局

以城市群以及城市群内部城市两个视角,从四个方面对城市群绿色技术效率时空格局进行解析。首先,对城市群总体以及城市群内部绿色技术效率时间演变进行分析;其次,对城市群总体以及城市群内部绿色技术效率空间演变格局做出总结;再次,对城市群总体以及城市群内部绿色技术效率进行空间自相关分析,以城市群和城市群内部两种视角分析城市群绿色技术效率集聚格局;最后,将考虑非期望产出的城市群绿色技术效率与不考虑非期望产出的城市群绿色技术效率做对比,分析两种情况下城市群绿色技术效率差异。

4.3.1 考虑雾霾污染的城市群绿色技术效率时序变化

本书以 2001—2016 年我国所有城市群的面板数据为基础，基于超效率 SBM 模型，以雾霾污染（非期望产出）作为切入点，在计算城市群内各城市绿色技术效率基础上以计算平均值的方式测算 19 个城市群整体的绿色技术效率值。并在此基础上，分析城市群绿色技术效率的时序变化特征，然后深入城市群内部，探讨每个城市群内各个城市绿色技术效率的时序变化特征。

4.3.1.1 城市群绿色技术效率时序变化分析

从城市群来看：2001—2016 年城市群整体绿色技术效率值基本处于中等水平，总体上处于上升状态，这表明我国城市群绿色技术效率状况整体向好的方向发展，研究期内绿色技术效率值从 0.236 上升到 0.402（见图 4-2），增长率为 70.3%。增长较快的主要原因是在经济与城市化快速发展进程中，人们对于土地资源的重视程度越来越高，国家出台的一系列政策初见成效，各地区的绿色技术效率也越来越高。根据所有城市群具体情况，以 0.2 为间断点大致可以将城市群绿色技术效率分为 4 个等级，分别是低水平（0~0.2）、中等水平（0.2~0.4）、较高水平（0.4~0.6）、高水平（0.6~0.8）。城市群绿色技术效率水平变化主要有以下特点：①绿色技术效率处于低水平（0~0.2）的城市群在逐年减少，低水平（0~0.2）城市群在 2003 年减至 0 个，其中原本处于低水平的中原城市群、山西中部城市群、山东半岛城市群、长三角城市群均退出低水平范围，进入中等水平范围；中等水平（0.2~0.4）城市群先增加后减少，中等水平（0.2~0.4）城市群在 2008 年达到峰值 16 个，而后逐年减少，到 2016 年降至 10 个，其中成渝城市群、京津冀城市群、海峡西岸城市群、兰西城市群、珠三角城市群、宁夏沿黄城市群从中等水平范围退出，进入较高水平范围内；较高水平（0.4~0.6）城市群呈现逐年增加态势，从 2001 年的 1 个增加到 2016 年的 8 个，2001 年仅有滇中城市群位于较高水平范围，到 2016 年，成渝城市群、京津冀城市群、海峡西岸城市群、兰西城市群、宁夏沿黄城市群、珠三角城市群、天山北坡城市群、滇中城市群绿色技术效率水平均位于0.4~0.6；高水平（0.6~0.8）城市群从0个增加到1个，即呼包鄂榆城市群，这说明我国城市群绿色技术效率水平也在稳步提升。②研究期内中国城市群绿色技术效率经历低水平（0~0.2）占多数、中等水平（0.2~0.4）占多数两个阶段。③在2001—2016年，呼包鄂榆城市群绿色技术效率一直处于上游位置，这主要是因为虽然呼包鄂榆城市群城市发展水平有限，投入产出各方面都相对较弱，但在将雾霾污染作为非期望产出的前提下，呼包鄂榆城市群雾霾污染状况相较于东部城市群要更为乐观，甚至雾霾污染状况远远好于东部城市群，所以呼包鄂榆城市群绿色技术效率一直处于上游位置。④在研究期内，绿色技术效率一直稳定处于靠前位置的是珠三角城市群和京津冀城市群，这两个城市群绿色技术效率值一直位于前列，是城市群绿色技术效率的"领头羊"。

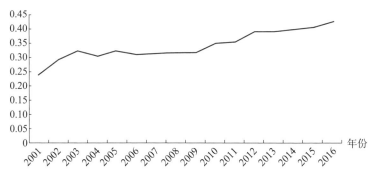

图4-2　2001—2016年全国城市群绿色技术效率平均值

分时段来看：①2001—2003年。这一阶段全国19个城市群的绿色技术效率均呈现逐年增长的态势。其中2001—2002年的增长速度要高于2002—2003年，西部城市群的绿色技术效率增长迅速，这主要源于国家对于西部地区的政策倾斜，针对西部地区经济发展慢、产业创新力不够等问题，国家同样做出很大努力，将各类资源、各种技术都向西部地区倾斜，投入大量资金支持西部建设，并取得明显的效果。在西部几个城市群中，关中平原城市群、宁夏沿黄城市群绿色技术效率增幅分别达到48%、26%，贡献尤为突出。②2004—2006年。这一阶段全国各个城市群绿色技术效率处于波动状态，增长缓慢，到2006年一些城市群甚至出现绿色技术效率下降的趋势，主要集中于沿海地区，如长三角城市群、山东半岛城市群、北部湾城市群等，这主要是由于这段时间兴起开发区热潮，具体表现在沿海省份各城市、县区、乡镇等区域，增长方式非常粗放，资源浪费和对环境的负面影响严重，导致全国大部分城市群绿色技术效率水平降低。③2007—2009年。这一阶段全国各城市群绿色技术效率呈小幅度逐年增长态势，但增长速度降低。相对来说，中部城市群增长较为显著，如中原城市群、长江中游城市群，它们的增长率分别达到22%、24%，在全国城市群绿色技术效率增长缓慢的背景下，对绿色技术效率提升贡献尤为突出。这种现象主要是由于中部崛起，山西、安徽、江西、河南、湖北、湖南等多个中部省份积极改革，转变原有老式农业运作方式为新型农业种植模式，将新科技引入农业生产中，加强创新能力对中部各个省份的带动作用。经过"两横两纵"经济带的设立，我国出现多个城市群，促进原来工业基地振兴和部分资源城市功能转型，为中心城市发展奠定了坚实基础。而2007—2008年，在北京奥运会举办以前，国家花费大量资金、人力、物力去治理雾霾污染，立志要还给北京一片蓝天，大量的环境治理投入在很大程度上降低了经济活动投入，且2008年以后，我国卷入全球金融危机，沿海城市出现区域重复建设等问题，致使绿色技术效率增速逐步萎缩。④2010—2012年。这一阶段全国城市群绿色技术效率整体呈现增长趋势，在经历2008年金融危机以后，虽然经济环境对绿色技术效率存在滞后性和持久性，但由于国家投入大量资金拉动内需，在经历两年缓冲期后，雾霾治理工作也逐渐收获成效，环境治理与经济活动投入资金平衡，各地区更加注重经济增长方式的转变，变粗放为集约，投入与以往同等数量的生产资料，但是换来了更多的产出，绿色技术效率也有很大提升。⑤2013—2016年。这一阶段全国城市群绿色技术效率稳步上升，平稳发展，这主要得益于国家基本农田保护政策，各城市群全面掌握闲置和低效土地现状，对土地逐宗进行摸底调查，制定闲置和低效土地盘活方案，探索各类低效土地处置模式，经济增长逐步转向存量挖潜，这一举动使得城市群绿色技术效率大大提升。

4.3.1.2　城市群内部绿色技术效率时间演变分析

变异系数可以用来衡量某一指标区域差异程度。本书以单个城市群为一个整体，分别计算各个城市群内部绿色技术效率评价值的变异系数，以此来探究城市群内绿色技术效率水平差异。计算公式如下：

$$CV = \frac{1}{u} \sqrt{\left(\frac{\sum\limits_{i=1}^{n} (y_i - u)^2}{n} \right)} \qquad (4-21)$$

式（4-21）中，y_i 为第 i 个城市群效率水平；u 为全部城市群评价值均值；n 为个数；CV 为变异系数值。CV 值越小表示均衡性越好；CV 值越大表示均衡性越差。

城市群发展过程必定有快有慢，不同城市群间存在发展差异，同样，城市群内部也存在着发展差异。本书采用变异系数法测算各个城市群2001—2016 年绿色技术效率变异系数（见表4-3），并将研究期分为2001—2003 年、2004—2006 年、2007—2009 年、2010—2012 年、2013—2016 年五个时间段，分析各城市群在时间上的区域差异规律。

表4-3　城市群绿色技术效率变异系数

城市群	2001—2003 年	2004—2006 年	2007—2009 年	2010—2012 年	2013—2016 年
京津冀城市群	0.2905	0.3124	0.3621	0.3287	0.2669
长三角城市群	0.2641	0.2700	0.2755	0.2759	0.2284
珠三角城市群	0.2791	0.2936	0.2974	0.3523	0.3551
山东半岛城市群	0.2989	0.2836	0.2579	0.2400	0.2395
海峡西岸城市群	0.2029	0.2172	0.2350	0.2791	0.2506
中原城市群	0.3053	0.2381	0.2192	0.1645	0.2664
长江中游城市群	0.2841	0.3377	0.3580	0.3621	0.2940
成渝城市群	0.1359	0.1436	0.1726	0.1884	0.2874
关中平原城市群	0.1911	0.2319	0.3290	0.3704	0.4080
北部湾城市群	0.1956	0.2015	0.2200	0.2561	0.1370

城市群	2001—2003 年	2004—2006 年	2007—2009 年	2010—2012 年	2013—2016 年
呼包鄂榆城市群	0.3282	0.3719	0.3282	0.3400	0.3048
黔中城市群	0.2727	0.3168	0.2513	0.3132	0.2665
滇中城市群	0.1774	0.1421	0.1920	0.2019	0.1171
兰西城市群	0.3915	0.3039	0.2307	0.2371	0.3124
宁夏沿黄城市群	0.3495	0.2599	0.3384	0.2716	0.2520
天山北坡城市群	0.2916	0.3197	0.3581	0.3837	0.2923
哈长城市群	0.4050	0.3499	0.3651	0.2122	0.2263
辽中南城市群	0.1287	0.1558	0.1815	0.1984	0.2181
山西中部城市群	0.3824	0.4487	0.4623	0.4843	0.3065

利用式(4-21)，计算 19 个城市群变异系数。变异系数大小反映的是城市群中各城市之间的差异。变异系数值越小，表示该城市群中各个城市都能够均衡发展，城市群中各城市之间绿色技术效率差异越小；变异系数值越大，表示该城市群中各个城市发展差别明显，城市群内部各城市之间的差异就越大。根据变异系数计算结果，将城市群分为以下三种。

（1）差异缩小型

这种类型包含的城市群只有山东半岛城市群，变异系数从 2001—2003 年的 0.2989 降至 2013—2016 年的 0.2395，下降幅度较为明显，说明在山东半岛城市群各城市间的绿色技术效率差异随着时间的推移在慢慢变小。山东半岛城市群内部近些年出现组团效应，组团间各个城市的空间溢出效应比较明显，各个城市联动发展，核心城市起到明显的榜样作用，且核心城市的资源与技术都向周围城市分散，使得各个城市绿色技术效率优化，城市与城市间差异变小。

（2）差异波动型

这种类型所包含城市群比较多，主要有京津冀、长三角、海峡西岸、中原、长江中游、北部湾、呼包鄂榆、黔中、滇中、兰西、宁夏沿黄、天山北坡、哈长、山西中部城市群。

京津冀、长三角、海峡西岸、长江中游、北部湾、天山北坡、山西中部城市群在 2012 年以前变异系数逐年攀升，区域差异越来越明显，到 2012 年以后，变异系数逐渐缩小，这种现象主要是因为前期城市发展不均衡，这些城市群中都存在一些发展较快城市和发展相对滞后城市，资源投入不协调与经济增长不合理导致区域间差异越来越大，后期随着经济发展与相关政策扶持，经济发展较快城市能够辐射带动经济发展较慢城市，区域差异相对减小。对于这部分城市群，需要发挥城市带动作用，合理配置资源。比如对于京津冀城市群，需要充分平衡河北和北京、天津两个城市的劳动力，而河北区域也应该抓住京津冀一体化机遇，加快自身高质量发展，承接为治理环境污染而转移的来自京津地区的产业，平衡污染治理与经济增长关系，实现京津冀城市群绿色技术效率提升。对于长三角城市群，首先应该改善重复投资现象；其次应扶持较落后地区，促进安徽以及江浙落后地区与发达城市的协调发展，通过资源更优配置，实现绿色技术效率提升。对于长江中游城市群，应集中解决城市群中部分城市在土地利用过程中所出现的资本浪费现象，从而改善整体绿色技术效率。

中原城市群、呼包鄂榆城市群、黔中城市群、滇中城市群、兰西城市群、宁夏沿黄城市群、哈长城市群绿色技术效率在研究期内一直处于波动状态，证明这几个城市群内部绿色技术效率差异不稳定，需要因地制宜，找准城市病症，对症下药。中原城市群内分布着我国多个人口大省，如河南、山东等，虽然这些地区人口众多，但其经济发展相对缓慢，大量劳动人员外出务工，劳动生产率一直不尽如人意，为提高其绿色技术效率，需要加快经济建设，提高劳动就业率，实现充分就业，加大资金投入，加快经济发展，进而提升绿色技术效率；而呼包鄂榆、黔中、滇中、兰西、宁夏沿黄这几个西北和西南地区城市群，应依据资源环境承载力和国土空间开发适宜性来实施土地资源分类管控，控制建设用地总量与土地开发强度，实施生态环境共治，推进生态系统保护与修复，提升绿色技术效率；哈长城市群中哈尔滨、长春、绥化、四平等城市作为我国工业城市集聚地，在工业发展的同时也带来环境的恶化，2016 年长春市 $PM_{2.5}$ 浓度达到齐齐哈尔的 2.5 倍，而环境污染致使治理成本增加以及资本浪费进而导致城市群间绿色技术效率差异一直处于波动状态，应大力改善城市群内环境，维护生态安全，限制城市群内污染严重、能源消耗大的产业，最终实现哈长城市群资源利用绿色化。

(3) 差异增大型

这种类型所包含城市群主要有珠三角城市群、成渝城市群、关中平原城市群、辽中南城市群，这几个城市群绿色技术效率变异系数越来越大，说明城市群内绿色技术效率水平出现分化，区域差异有所扩大。这需要中心城市在城市群中发挥辐射带动作用，合理配置城市群中各类资源，实现绿色技术效率最大化、最优化。比如珠三角城市群绿色技术效率变异系数从 2001—2003 年的 0.2791 变为 2013—2016 年的 0.3551，增长幅度明显。出现这种现象的主要原因是随着国家相关政策出台，一些发达城市如广州、深圳等，能够合理配置土地资源，投入、产出要素分配也更加合理，绿色技术效率也越来越高，但是仍存在部分城市如惠州、东莞、江门等不能够合理开发低效建设用地，绿色技术效率仍然处在低效率水平的问题，这就造成城市群中绿色技术效率差异越来越明显。因此，珠三角城市群应大力开展"三旧"改造，对旧城镇、旧厂房、旧村庄进行合理安置，合理分配内部劳动力，做好社会保障措施，进而提高绿色技术效率。

4.3.2 考虑雾霾污染的城市绿色技术效率格局演变特征

为揭示中国城市群 2001—2016 年城市绿色技术效率空间演变规律，借助 ArcGIS 10.2 软件，选取 2001—2003 年、2004—2006 年、2007—2009年、2010—2012 年、2013—2016 年五个时段平均效率对城市群绿色技术效率空间分布状况进行可视化表达。

4.3.2.1 城市群绿色技术效率空间演变整体分析

利用 ArcGIS 10.2 软件绘制各城市群内部绿色技术效率分布状况，可以清晰地看出研究期内城市群绿色技术效率分布格局。在研究期内，全国19 个城市群绿色技术效率变化空间演变趋势各不相同，但基本空间格局呈现以下几个特点：①从整体上看，我国多数城市群绿色技术效率处于中等水平。②19 个城市群绿色技术效率空间分布呈现出东部城市群效率高，中西部城市群效率低的态势，且高水平城市群范围较小，但空间连接性逐渐增强，向内陆扩张势头增大。绿色技术效率较高的城市集中在长三角城市群、珠三角城市群、京津冀城市群、海峡西岸城市群等地，而绿色技术效率较低的城市则分布在关中平原城市群、成渝城市群（部分地区）、中原城市群等地。③中部城市群如中原城市群、山西中部城市群、关中平原城市群等绿色技术效率在逐步增高，但城市群内城市绿色技术效率高值区仍较为分散。

从城市群来看，在研究期内，中国城市群绿色技术效率变化有以下几个特点：①城市群绿色技术效率增长较快是东部沿海地区京津冀城市群、山东半岛城市群、长三角城市群、珠三角城市群以及西南地区成渝城市群，增速都远远高于19个城市群整体水平。其中，京津冀城市群发展最快，作为中国政治文化中心，也是中国经济发展核心区域，近年来，城市群完善城市治理体系、改善城市群环境质量、人民生活水平日益提升，这些都为城市群绿色技术效率提升提供了有力保障；珠三角城市群作为我国早期对外开放地区之一，拥有广州、深圳两个超大城市，绿色技术效率增长速度也处于领先地位，且长期处于增长状态；山东半岛城市群和长三角城市群作为我国重点打造的城市群，投入产出相对较多，资源配置水平较高，绿色技术效率水平也处于前列；位于西南地区的成渝城市群，得益于近年来实施的西部大开发战略，资源向这些城市群倾斜，城市群经济、生态等方面发展良好，为绿色技术效率提升打下了坚实基础。②城市群绿色技术效率增长处于中等水平的有关中平原城市群、中原城市群、山西中部城市群、长江中游城市群等，增速都位于19个城市群平均水平线附近。其中，关中平原城市群和山西中部城市群地处内陆，与沿海城市联系不够通畅，缺乏交通枢纽，难以实现很好对外开放，而且城市内部基础设施不够全面，核心城市对于周边中小城市辐射带动力度不强，资源浪费严重，导致绿色技术效率不高；中原城市群和长江中游城市群由于城市数量众多，城市与城市之间合作不够紧密，城市发展水平差异较大，导致资源投入浪费严重，产出不理想，绿色技术效率水平不高。③城市群绿色技术效率增长较慢的有哈长城市群、辽中南城市群、宁夏沿黄城市群、兰西城市群等，这些城市群绿色技术效率增长速率都在19个城市群平均水平线之下，增长较为缓慢。其中，哈长城市群和辽中南城市群作为我国老工业基地，发展活力欠缺、创新力不足、产业结构不够优化、人口外流问题严重，这一系列问题导致经济发展缓慢，而且直接影响绿色技术效率；宁夏沿黄城市群、兰西城市群位于西部地区，经济发展缓慢，城市发展水平不高，资源利用不合理，导致城市群绿色技术效率一直处于城市群整体下游位置。

4.3.2.2 城市群内绿色技术效率空间演变分析

不同城市群内实际情况不同，因此城市群内绿色技术效率空间分布也有所不同。为进一步衡量各城市群内部绿色技术效率空间平衡程度，在本小节中将针对各城市群内绿色技术效率空间分布进行分析，探寻空间分布规律以及形成此类空间格局的原因。根据各城市群自身发展情况以及空间分布规律，本节将 19 个城市群分为 3 种类型，分别是"中心—周围"强辐射型、"中心—周围"弱辐射型、"中心—周围"共同发展型。

（1）"中心—周围"强辐射型

珠三角、长三角、海峡西岸、北部湾这几个较为发达的城市群，随着时间的推移，绿色技术效率不断提高，出现高值集聚，但各个城市群具体情况不同。珠三角城市群中，拥有广州、深圳两个核心城市，在广东省政府规划下，通过产业转移等各种措施，其他城市经济发展速度也非常快，绿色技术效率增长明显，均跻身高利用效率行列。与珠三角城市群类似，长三角城市群也拥有两个核心城市，分别是南京、杭州，这两个城市作为长三角城市群发展的经济支柱，其核心城市带动作用明显，它们的经济发展带动邻近城市发展，扬州、镇江等绿色技术效率值也一路飙升。虽然城市群内南京、杭州两个城市在发展中带动了邻近城市，但位于城市群内的上海作为我国金融中心，其绿色技术效率较高，而由于周围城市与上海生产要素并不流通，所以对周围城市的带动力并不强。且长三角城市群中，安徽省在发展过程中由于地理位置的原因，承接来自东部沿海地区淘汰的部分产业，这些产业大多存在高耗能、高污染等特点，导致一些城市如安庆、滁州等绿色技术效率一直比较低，直接导致城市群中安徽省绿色技术效率位于低利用效率水平。北部湾、海峡西岸，这两个城市群情况比较相似，海南、福建等省份城市，由于受到来自其他城市群中较为发达城市的影响，发展也较快，绿色技术效率也较高，而这些城市辐射能力较弱，对城市群内其他城市带动能力不足，导致城市群中中心城市发展较好，其他城市发展水平不尽如人意，绿色技术效率水平整体不高。这一部分城市群在大体上处于"中心拉动"状态，但在城市群内部也不乏一些发展不均衡现象。

（2）"中心—周围"弱辐射型

京津冀、中原、长江中游、关中、成渝、山西中部、山东半岛这几个城市群城市绿色技术效率呈现"中心—周围"弱辐射型的格局。这几个城市群中中心城市如北京、郑州、武汉、长沙、西安、济南等绿色技术效率一直都比较高，处在各个城市群领先地位，但各城市群中其他城市绿色技术效率增长依旧很缓慢，主要是这些城市群中中心城市未能充分带动周边城市发展，相反有时还在不断吸纳周边城市优质资源，而且城市群内城市合作发展不够，城市统筹发展不能够实现，所以导致绿色技术效率分级。比如京津冀城市群中，北京、天津、唐山城市绿色技术效率较高，而京津两地邻近区域，如张家口、廊坊、保定、承德等地城市绿色技术效率比较低，远低于城市群整体水平。北京作为全国政治中心，在发展过程中，各城市优质资源都被北京大量吸收，北京发展水平与发展条件要远高于周边其他地区，这一系列现象使得这个中心城市周边的小型城市在夹缝中谋生存，绿色技术效率被抑制。哈长、辽中南这两个城市群中，长春、哈尔滨、沈阳、大连等城市在东北振兴中战略地位不断提升，经济快速发展，绿色技术效率得以飞速提升，但城市群中大庆、牡丹江、绥化等城市老工业基地的身份，使得环境污染现象严重，实际经济产出不理想，在现在越来越强调环境保护的背景下，这些城市相较于其他城市需要花费更多资金去治理环境污染，相应地，经济活动中投入资金就会减少，从而造成绿色技术效率不尽如人意。

（3）"中心—周围"共同发展型

呼包鄂榆、黔中、滇中、兰西、宁夏沿黄、天山北坡这几个位于西部地区的城市群，受益于西部大开发战略，近几年绿色技术效率均有小幅度提升，但是这些城市群投入产出水平与发达城市相比还有很大差距，资源要素没有合理利用，相较于其他发展较快城市群，这几个城市群发展还处于初期阶段，绿色技术效率增长也多是依靠原有资源以及工业型、资源型城市，很少有城市进行产业优化升级、发展高新技术，各方面因素导致城市群绿色技术效率偏低。

4.3.2.3　空间自相关分析

空间自相关能够衡量事物在空间分布上的关联性。本书采取两种方法——全局空间自相关、局部空间自相关对中国 19 个城市群绿色技术效率进行分析，探寻其在空间上的关联特征。

1. 城市群绿色技术效率全局空间自相关分析

根据前文介绍的公式，并借助 GeoDA 软件，以 2001—2003 年、2004—2006 年、2007—2009 年、2010—2012 年、2013—2016 年五个阶段截面数据为依据，测算得出 2001—2016 年城市群绿色技术效率全局 Moran's I 值(见表 4-4)。

表 4-4　Moran's I 值

年份	Moran's I 值
2001—2003 年	0.1548
2004—2006 年	0.1219
2007—2009 年	0.1284
2010—2012 年	0.1359
2013—2016 年	0.1582

全局空间自相关结果显示，全国 19 个城市群绿色技术效率呈现出空间相关性，2001—2016 年全局 Moran's I 值整体上呈现先降低再升高态势。从时间演变来看，2001—2003 年，城市群绿色技术效率 Moran's I 值为0.1548，到2004—2006 年降低到0.1219，空间集聚性减弱，表明邻近城市群绿色技术效率差异变大，产生这一现象，可能是因为发达城市群虽然发展快，在各方面资源都比较优质，但是城市群只能使自身绿色技术效率处于高水平，并不能带动周边城市群绿色技术效率提升，而这将会导致集聚现象下降；而自 2006 年以后，城市群绿色技术效率 Moran's I 值逐步上升，

表明绿色技术效率空间集聚效应逐步回升。

2. 城市群绿色技术效率局部空间自相关分析

虽然全局空间自相关能够分析我国城市群整体集聚情况，但是进行局部空间自相关分析，可以更清晰地看到城市群之间与城市群内部各个城市集聚情况，本书主要借助 LISA 集聚图，从城市群、城市两个尺度来分析城市群绿色技术效率局部集聚情况。以城市群为单元，可以从整体上观察城市群绿色技术效率集聚情况，而以城市为单元则可以从一个更精确、更全面的视角观察城市群绿色技术效率情况。

（1）以城市群为单元的分析

从城市群绿色技术效率 LISA 集聚类型（见表 4-5）来看，2001—2016年中国城市群绿色技术效率集聚类型空间变化明显，大致表现出东部沿海城市群及部分中部城市群高值集聚（H-H）、西部城市群低值集聚（L-L）、东北地区城市群低值异质集聚（L-H）以及西南部分城市群高值异质集聚（H-L）变化态势。

表 4-5　2001—2016 年中国 19 大城市群绿色技术效率 LISA 集聚类型

集聚类型	2001—2003 年	2013—2016 年
高值集聚区（H-H）	珠三角城市群、海峡西岸城市群、长三角城市群	关中平原城市群、山西中部城市群、京津冀城市群、北部湾城市群、珠三角城市群、海峡西岸城市群、长江中游城市群、长三角城市群、中原城市群、山东半岛城市群
低值集聚区（L-L）	宁夏沿黄城市群、关中平原城市群、兰西城市群、成渝城市群、滇中城市群、黔中城市群	滇中城市群、黔中城市群
低值异质区（L-H）	山西中部城市群、辽中南城市群、哈长城市群、长江中游城市群、中原城市群	宁夏沿黄城市群、呼包鄂榆城市群、辽中南城市群、哈长城市群、兰西城市群
高值异质区（H-L）	呼包鄂榆城市群、京津冀城市群、北部湾城市群、山东半岛城市群	成渝城市群

①高值集聚区（H-H）

高值集聚区，即区域自身绿色技术效率水平较高且周边地区绿色技术效率水平较高，表现为"中心高、四周高"的高水平空间均衡关联集聚状态。这一部分在 2001—2003 年时，集中在东部沿海城市群，如长三角城市群、海峡西岸城市群、珠三角城市群，东部沿海城市群各方面都较为发达，且城市群发展理念新颖前卫，各种要素能够快速流动，能够优化配置资源，提升城市群水平，城市群与城市群间差距也由于各种要素的互补互助而不断缩小，绿色技术效率随之也得到改善。到 2016 年，高值集聚区逐渐扩大，除上述三个城市群外，京津冀城市群、山东半岛城市群、长江中游城市群、中原城市群、关中平原城市群、山西中部城市群、北部湾城市群都跻身其中，京津冀、山东半岛城市群在 2001—2003 年处于高值异质区，而后进入高值集聚区，表明在研究初期这两个城市群自身绿色技术效率较高但相邻城市群绿色技术效率较低，而近些年这两个城市群在不断实施多项政策措施以后，绿色技术效率取得重大进步，同时也带动周围地区绿色技术效率提升，跃居高值集聚区；中部长江中游城市群、中原城市群、关中平原城市群、山西中部城市群以及南部北部湾城市群在近年经济快速发展背景下，积极转变经济增长方式，提高土地集约利用水平，在保留高效用地、整顿低效用地的同时，将绿色发展理念注入经济生产全过程中，使得城市绿色技术效率有很大进步。从空间格局演变来看，在研究期内高值集聚区城市群数量略有上涨，从 2001—2003 年的 3 个城市群增长到 2013—2016 年的 10 个城市群。

②低值集聚区（L-L）

低值集聚区，表现为"中心低、四周低"的低水平空间均衡关联集聚状态。这一部分在 2001—2003 年时，集中在西部城市群以及少部分中部城市群，如兰西城市群、宁夏沿黄城市群、关中平原城市群、成渝城市群、滇中城市群、黔中城市群，这些城市群大部分位于我国西南地区，多是山地，最大问题为交通不便，区位优势不明显，这一短板在一定程度上不利于经济发展水平提升，而且城市群内资源配置不均衡，差异比较明显，这对整体绿色技术效率水平提升也存在一定抑制作用。到 2016 年，低值集聚区逐渐缩小，主要集中在西南地区的滇中城市群和黔中城市群，这部分城市群的减少主要得益于西部大开发战略，西部大开发战略使得资源向西部城市倾斜，西部众多城市获益巨大，基础设施水平、经济发展速度等都有质的飞跃，西部大开发战略使得经济投入产出水平提高，不仅有物质上的提升，而且输入了更为先进的资源利用与管理理念，环保意识增强，绿色技术效率得到提升。从空间格局演变来看，在研究期内，低值集聚区城市群数量有明显下降，从 2001—2003 年的 6 个城市群下降到 2013—2016 年的 2 个城市群。

③低值异质区（L-H）

低值异质区域，表现为"中心低、四周高"的空间非均衡关联集聚状态。这一部分在 2001—2003 年时，集中在中部部分城市群以及东北地区城市群，如中部的山西中部城市群、中原城市群、长江中游城市群，东北地区辽中南城市群和哈长城市群，这些城市群多处于欠发达地区，在经济发展过程中都存在同样的问题。首先，城市群发展水平不强，没有核心且发展快速的城市，其城市绿色技术效率水平与邻近城市群有着较为明显差距；其次，这些城市群内部发展水平参差不齐，经济实力、基础设施、投入水平相差较大，中心城市辐射带动能力不足，导致整个城市群绿色技术效率偏低；最后，其周边城市群绿色技术效率较高，部分城市群充当着高效率城市群的"环境避难所"角色，从而使这些城市群绿色技术效率一直处于低水平。2016 年，低值异质区域有所变化，中部部分城市群退出，西北地区呼包鄂榆城市群、宁夏沿黄城市群、兰西城市群加入，这主要是在发展过程中，由于东部城市群积极影响，中部一些城市群加入高值集聚区；而位于西北地区的城市群在周围城市群绿色技术效率越来越高的同时，虽然在西部大开发战略支持下绿色技术效率也有小幅度提升，但是提升速度较慢，相对提升较快的周边城市群来说，绿色技术效率水平仍然较低。从空间格局演变来看，在研究期内，低值异质区域城市群虽然区域发生变化，但数量无明显变化，2001—2003 年有 5 个城市群，2013—2016 年仍是 5 个。

④高值异质区（H-L）

高值异质区域，表现为"中心高、四周低"的空间非均衡关联集聚状态。这一部分在 2001—2003 年时，集中在沿海部分城市群、北部少数城市群以及南部琼粤地区城市群，如呼包鄂榆城市群、京津冀城市群、山东半岛城市群以及北部湾城市群，与邻近城市群相比，这些沿海及南部城市群大多拥有着得天独厚的地理位置，并且坐拥丰富的发展资源，其经济增长非常迅速，城市群内部产业结构合理，投入产出比合理，绿色技术效率高效；在研究前期，各城市群环保意识薄弱、雾霾排放量大，污染结果就是需要投入大量资金以及人力、物力治理污染，而呼包鄂榆城市群雾霾污染程度较轻，可以将更多资金投入经济活动生产方面，因此在前期其绿色技术效率较高。到 2016 年，高值异质区域有所变化，之前处于高值异质区域的城市群全部退出，成渝城市群进入，这主要得益于成渝城市群在西部大开发中的迅速发展，大量资源向四川、重庆等地倾斜，成都、重庆等城市迅速成长为新一代经济增长极，伴随经济增长的是大量经济投入，社会发展水平也进一步提高，绿色技术效率也步步攀升，但可能由于周围地区自身条件不足，或是成渝城市群发展速度太快，制约周边城市群经济发展，导致周边城市群绿色技术效率水平不高。在研究期内，高值异质区域城市群数量明显下降，从 2001—2003 年的 4 个城市群下降到 2013—2016 年的 1个城市群。

（2）以城市为单元的分析

借助城市绿色技术效率 LISA 集聚图分析其时空格局，2001—2016 年中国城市群内部绿色技术效率集聚变化明显，东部沿海城市群内城市多为高值集聚、西部城市群内城市多为低值集聚、小部分中部城市群以及部分东北部城市群内城市为低值异质集聚、西南和琼粤地区城市群内城市为高值异质集聚。

①高值集聚区（H-H）

高值集聚区，主要表现为"中心高、四周高"的高水平空间均衡关联集聚状态。这部分城市主要集中在东部沿海城市群以及经济发展较好城市群，这个研究结果与前一节以城市群为单元分析城市群绿色技术效率高值集聚区研究结果一致。东部沿海城市群以及经济发展较好城市群如京津冀、珠三角、海峡西岸、北部湾城市群，拥有较为发达省份或城市，如北京、上海、天津等以及沿海经济发展较快的广东、浙江、江苏等，城市群内部城市绿色技术效率水平都比较高，且这些城市周边地区效率也都比较高，这些城市通过资源流通、技术引入引出，在自身条件较好基础上，向周边扩散，以此来带动周边城市绿色技术效率提高。这些城市经济基础强、建设用地条件良好、产业布局合理、资本富余、环保意识强、绿色技术效率水平高，与相邻城市利用效率水平差异较小，对周围城市有较为显著的影响。从空间格局演变来看,在研究期内高值集聚区范围略有扩大,高值集聚区范围扩大说明随着发展较好的城市之间产生联动,各城市群内部在绿色技术效率上也更加注重协调同步发展,效率高的城市着重加强自身辐射作用,带动周围城市发展,城市群整体绿色技术效率也随之提升,单个城市群绿色技术效率提升在一定程度上也带动周边城市群绿色技术效率上升。其中,有少数中部城市群进入高值集聚区,这主要是因为中部城市群如中原城市群、长江中游城市群等,由于中原崛起计划的推进,城市劳动力和资本配置逐步合理,促进城市绿色技术效率水平提升;同时,由于东部城市群发达城市的带动作用,产业结构更加合理和优化,使得这些中部城市群逐步走上更加环保、高效的新道路,城市绿色技术效率水平也逐步提高。

②低值集聚区(L-L)

低值集聚区,主要表现为"中心低、四周低"的低水平集聚状态。这部分主要集中在成渝城市群以及滇中城市群,这个研究结果与前一节以城市群为单元分析城市群绿色技术效率低值集聚区研究结果一致。这些城市群中云南省和四川省以及周边地区绿色技术效率水平普遍偏低,区域条件比较差,产出水平低,并且随着西部大开发和招商引资力度的加大,这些城市群内土地利用结构不合理、对生态环境负面影响突出等问题,使得城市绿色技术效率水平总体下降。在这些城市中,优化区域产业布局,实现新兴产业引进,提高绿色技术效率,保持生态环境高质量发展是目前亟须面对的工作。从空间格局演变来看,低值集聚区集聚范围在逐步缩小,其中滇中城市群内脱离低值集聚区的城市数量较多。

③低值异质区(L-H)

低值异质区域,主要表现为"中心低、四周高"的空间非均衡关联集聚状态。这部分主要集中在呼包鄂榆城市群、宁夏沿黄城市群、兰西城市群和哈长城市群以及中原城市群、长江中游城市群,这个研究结果与前一节以城市群为单元分析城市群绿色技术效率低值异质区研究结果一致。处于低值异质区域说明这些城市群内绿色技术效率水平偏低,而周边城市绿色技术效率水平偏高,城市群内相邻城市绿色技术效率水平空间差异较大,城市群绿色技术效率水平还有较大提升空间。虽然这些城市群在地理位置上都靠近发达城市群,可以接触到更多来自发达城市群的技术和理念,但是也使得这些城市群面临发达城市群产业产生的污染，充当着发达城市群"环境避难所"的角色。这些城市群需要耗费更多资金用于环境治理与防治，不利于经济生产投入水平的提高，其绿色技术效率水平相对不太理想。从空间格局演变来看，低值异质区集聚范围没有明显变化，仅有中原城市群、长江中游城市群两个城市群部分区域退出低值异质区集聚范围。

④高值异质区（H-L）

高值异质区域，这部分主要表现为"中心高、四周低"的空间非均衡关联集聚状态。这部分主要集中在成渝城市群、黔中城市群以及北部湾、海峡西岸、珠三角城市群，这个研究结果与前一节以城市群为单元分析城市群绿色技术效率高值异质区研究结果一致。这些城市群与相邻城市群绿色技术效率水平差异较大，城市群中有一些城市发展较好，带动城市群整体绿色技术效率提高，虽然城市群自身绿色技术效率水平较高，但这些城市群对周边城市群辐射能力不强，周边城市群可能由于这些城市群发展而制约自身经济发展和地均产出，或由于承接这些城市群的工业造成环境损失，导致绿色技术效率水平较低，由此产生不同程度的"灯下黑"现象。从空间格局演变来看，高值异质区集聚范围小幅度缩小，北部湾、海峡西岸、珠三角城市群部分区域退出较多。

4.4 与未考虑雾霾污染 DEA 模型结果的对比分析

根据 DEA 模型，在考虑与不考虑雾霾情况下计算出技术效率，由图 4-3 可以看出，在研究期内，考虑雾霾因素绿色技术效率值均低于不考虑雾霾因素，平均降幅为 19.5%，且两者变化趋势大致是同步的。这表明雾霾因素对于城市绿色技术效率影响还是比较显著的，符合研究预期设想。

总体来看，不考虑雾霾情况下，在研究期内城市群绿色技术效率呈现出波动上升态势。根据各城市群情况，同样以 0.2 为间断点，将城市群绿色技术效率分为四个等级，分别是低水平（0~0.2）、中等水平（0.2~0.4）、较高水平（0.4~0.6）、高水平（0.6 以上）。与考虑雾霾因素为非期望产出情况对比，不考虑非期望产出结果主要有以下几个特点：①绿色技术效率

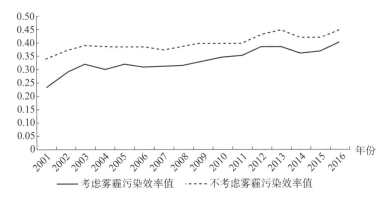

图 4-3　考虑雾霾污染与不考虑雾霾污染的绿色技术效率值对比

处于低水平(0~0.2)城市群逐年减少，在 2002 年降至 0 个；中等水平
(0.2~0.4)城市群先增多后减少，在 2007 年达到峰值 16 个，而后逐年减
少，到 2016 年降至 3 个；较高水平(0.4~0.6)城市群同样呈现增加趋势，
从 2001 年的 1 个到 2016 年达到峰值 16 个；高水平(0.6 以上)城市群在逐
年增加，从 2001 年的 0 个增长至 2016 年的 2 个；总体来说，相比考虑雾
霾因素为非期望产出结果，不考虑雾霾污染情况下绿色技术效率处于高水
平、较高水平的城市群更多。②研究期内，中国城市群绿色技术效率先是
以中等水平(0.2~0.4)城市群占多数，而后较高水平(0.4~0.6)城市群占
多数，相较于考虑雾霾因素为非期望产出低水平(0~0.2)、中等水平
(0.2~0.4)城市群占多数的结果，不考虑雾霾因素情况下，城市群绿色技
术效率水平更高。③在考虑雾霾因素技术效率值中，呼包鄂榆城市群绿色
技术效率水平一直处于上游位置，但在不考虑雾霾污染因素时，呼包鄂榆
城市群退出高效率水平(0.6 以上)圈，下降到中等水平(0.2~0.4)范围，
甚至低水平(0~0.2)层次，这也充分说明雾霾因素对于技术效率高低有一
定影响。由于呼包鄂榆城市群雾霾污染程度相比其他城市群较轻，所以在
考虑雾霾因素作为非期望产出情况下，呼包鄂榆城市群技术效率相较于其
他城市群来说，效率水平更高；而在不考虑雾霾污染情况下，由于呼包鄂
榆城市群地理位置、资源状况、资金投入、技术创新等相较于发达城市群
有很大不足，在此种状况下城市群绿色技术效率水平就会下降。④在研究
期内，不考虑雾霾因素情况下，京津冀城市群和珠三角城市群绿色技术效率

处于领先地位，这种情况与考虑雾霾污染为非期望产出时情况相同，但不同的是在不考虑雾霾因素时，绿色技术效率水平要高于考虑雾霾因素时，变化率最大的为珠三角城市群，绿色技术效率上升 139%，京津冀城市群上升74%，两种绿色技术效率水平的不同表明非期望产出雾霾因素对于京津冀、珠三角城市群绿色技术效率情况有着较大影响，能够在很大程度上影响城市群绿色技术效率水平，主要是因为在强调"绿水青山就是金山银山"的现阶段，环境保护对于城市发展非常重要，作为发展水平较高的珠三角城市群和京津冀城市群，在发展的同时也不可避免伴随着大量环境污染，因此城市群需要投入大量环境治理资金来缓解环境污染，这就使得城市群投入水平下降，不利于土地生产过程中的产出，也会对绿色技术效率造成很大影响。

4.5　城市群绿色技术效率驱动因素及异质性分析

在了解各城市群绿色技术效率现状后，本节将进一步分析城市群绿色技术效率影响因素，通过构建影响因素分析基本模型，结合经济、环境、土地市场化水平等多个方面选取城市群绿色技术效率影响因素，通过GTWR 模型测算影响城市群绿色技术效率因素，并深层次分析各因素对于城市群绿色技术效率影响机制以及影响力大小。

4.5.1　城市群绿色技术效率计量经济模型

4.5.1.1　GWR 模型

Fotheringham 等于 1996 年提出地理加权回归（GWR）模型①。该模型认为回归系数是会变化的，它的变化与空间位置有关，空间位置变则回归系数变，这个模型与普通线性回归（OLS）模型的关系是，它是对普通线性回归模型的扩展延伸。OLS 模型与 GWR 模型的不同之处是它认为回归系数

① A. Stewart Fotheringham, Martin Charlton, Chris Brunsdon. The geography of parameter space: An investigation of spatial non-stationarity [J]. International Journal of Geographical Information Science, 1996, 10(5): 605-627.

是固定不变的[①]。GWR 模型将各个因素地理位置函数作为参考依据，对所研究区域及其周围区域进行分析[②]。GWR 模型一般形式为：

$$Y_i = a_0(u_i, v_i) + \sum_{k=1}^{p} a_k(u_i, v_i)x_{ik} + \theta_i, \ i = 1, \cdots, n \quad (4-22)$$

式(4-22)中 Y_i 为因变量，(u_i, v_i) 分别表示位置在空间上的坐标。$a_k(u_i, v_i)$ 代表位置 i 处第 k 个回归函数，如果在空间任意一点，其回归函数都相同，则表示为全局回归模型。$a_k(u_i, v_i)$ 函数具体表示如下：

$$a_k(u_i, v_i) = [X^T W(u_i, v_i) X]^{-1} X^T W(u_i, v_i) Y, \ i=1, \cdots, n \quad (4-23)$$

式(4-23)中 X、Y 分别为自变量和因变量组成的矩阵，$W(u_i, v_i)$ 是 $n \times n$ 空间权重矩阵。

地理加权回归模型能够有效解决时空数据非平稳性问题，不足之处是该方法仅仅考虑空间对研究结果的影响，未考虑时间因素变化对研究结果的影响，因此该模型多适用于不考虑时间因素截面数据分析研究，在考虑时间因素截面研究中，这个模型就存在无法避免的缺点。

4.5.1.2 GTWR 模型

GWR 模型有一个无法避免的缺点，就是它不将时间因素纳入考虑范围，不考虑时间对于分析结果的影响，2010 年，Huang 等综合多方面因素，考虑模型的全面性，将时间因素融合到 GWR 模型中，提出时空地理加权回归(GTWR)模型，该方法是对 GWR 的延展。其模型表达式为[③]：

$$y_i = \beta_0(u_i, v_i, t_i) + \sum_{k=1}^{m} \beta_k(u_i, v_i, t_i)x_{ik} + \varepsilon_i, \ i = 1, 2, \cdots, n$$

$$(4-24)$$

式(4-24)中，u_i, v_i, t_i 表示时空坐标，分别代表经度、纬度、时间；$\beta_0(u_i, v_i, t_i)$ 为回归系数；ε_i 是随机误差；$\beta_k(u_i, v_i, t_i)$ 即样点的第 k 个回归系数，$\beta'(u_i, v_i, t_i)$[④]为：

① 陶云龙. 城市住宅特征价格的空间异质性研究[D]. 杭州：浙江大学，2015.
② 韩兆洲，林仲源. 我国最低工资增长机制时空平稳性测度研究[J]. 统计研究，2017，34(6)：38-51.
③ 黄迪. 北京职住空间结构及其影响因素研究[D]. 武汉：武汉大学，2016.
④ 刘满凤，谢晗进. 基于空气质量指数 AQI 的污染集聚空间异质性分析性[J]. 经济地理，2016，36(8)：166-175.

$$\beta'(u_i, v_i, t_i) = [X^\mathrm{T} W(u_i, v_i, t_i) X]^{-1} X^\mathrm{T} W(u_i, v_i, t_i) Y \quad (4\text{-}25)$$

本书采用高斯距离函数 $W_{ij} = \exp\left(-\dfrac{d_{ij}^2}{b^2}\right)$ 表示权重 $W(u_i, v_i, t_i)$：

$$W_i(u_0, v_0, t_0) = \exp\left\{-\frac{(u_0-u_i)^2+(v_0-v_i)^2}{h_1^2}\right\}\exp\frac{(t_0-t_i)^2}{h_2^2} \quad (4\text{-}26)$$

式(4-26)中，h_1、h_2 分别为两种参数，即空间窗宽、实践窗宽参数。最优带宽确定，本书采取交叉验证法：

$$CV = \sum_{i=1}^{n}\left[y_i - y'_{\neq i}(b)\right]^2 \quad (4\text{-}27)$$

式(4-27)中，$y'_{\neq i}(b)$ 为 y_i 的拟合值；b 为带宽。当 CV 值最小时，则取得最优带宽。

4.5.2 影响因素指标选取

城市群绿色技术效率是衡量用地效果的重要标准，其高低受到诸多因素影响，特别是在快速城镇化发展背景下，能够识别各因素作用力度和方向，对提高我国城市群绿色技术效率具有重要意义[1]。以城市群绿色技术效率值为被解释变量值，2001—2016 年城市群面板数据为解释变量，对影响城市群绿色技术效率进行实证分析。本研究综合考虑城市群绿色技术效率特征和现实情况，参照已有研究成果[2][3][4][5][6][7]，从经济水平、环境治理水平、土地市场化水平、城市规模水平、产业结构水平、对外开放程度、

[1] 吴贤良，刘雨婧，熊鹰，等. 湖南省城市土地利用全要素生产率时空演变及影响因素[J]. 经济地理，2017，37(9)：95-101.

[2] 杨勇，郎永建. 开放条件下内陆地区城镇化对土地利用效率的影响及区位差异[J]. 中国土地科学，2011，30(10)：19-26.

[3] 华敏. 长江中游城市群城市土地利用效率与经济发展水平时空耦合研究[D]. 武汉：武汉大学，2017.

[4] 梁流涛，翟彬，樊鹏飞. 经济聚集与产业结构对城市土地利用效率的影响[J]. 地域研究与开发，2017，36(3)：113-117.

[5] 罗能生，彭郁，罗富政. 土地市场化对城市土地综合利用效率的影响[J]. 城市问题，2016，21(11)：21-28.

[6] 赵爱栋，马贤磊，曲福田. 市场化改革能提高中国工业用地利用效率吗？[J]. 中国人口·资源与环境，2016，26(3)：118-126.

[7] 何好俊，彭冲. 城市产业结构与土地利用效率的时空演变及交互影响[J]. 地理研究，2017，36(7)：1271-1282.

科技文化水平等多个方面选取影响城市群绿色技术效率主要因素(见表 4-6),具体说明如下:

表 4-6 城市群绿色技术效率影响指标因素

指标类别	指标	单位
经济水平	人均 GDP	元
	固定资产投资占 GDP 的比重	%
环境治理水平	工业固体废物综合利用率	%
	生活垃圾无害化处理率	%
土地市场化水平	土地招拍挂面积/土地出让面积	%
城市规模水平	城市年末人口	万人
产业结构水平	城市 GDP 第三产业所占份额占当年城市 GDP 第二产业所占份额的比例	%
对外开放程度	外商投资实际使用额	万元
科技文化水平	每万人大学生人数	人

(1)经济水平。在不同时段不同城市群,经济发展快慢都影响着绿色技术效率。随着经济发展水平的提高,在较高的产业结构水平、先进的生产技术、强劲的社会综合发展能力、完善的环境管理制度和规范的管理政策等多种因素的共同作用下,城市群绿色技术效率相应也会得到提升;但是如果一味追求经济增长速度的加快、城镇化水平的提高,城市群在发展建设过程中所需建设用地就会越来越多,建设用地扩张使得土地供需矛盾加剧,则会不利于城市群绿色技术效率提升。因此,经济发展快慢是否影响城市群绿色技术效率,有待验证。本书选取人均 GDP 以及固定资产投资占 GDP 的比重两个指标来表征经济水平。

(2)环境治理水平。生态环境发展一直是现代社会发展中的焦点问题,"两山理论"强调,"绿水青山就是金山银山①"。环境治理水平较高时,土地利用会朝着更加环保、更加健康的方向发展;但是当过度强调保护环境,可能会忽视土地利用产出水平,从而对绿色技术效率造成不利影响。因此,环境治理水平对于城市群绿色技术效率影响力有待验证。本书在环

———————

① 中共中央宣传部. 习近平总书记系列重要讲话读本(2016 年版)[M]. 北京:学习出版社,2016:112–113.

境治理水平方面选取两个指标来表示，分别为工业固体废物综合利用率、生活垃圾无害化处理率。

（3）土地市场化水平。建立固定场所，使得土地使用权能够公开交易，土地市场有效沟通信息，才能增强投资的科学决策能力。虽然提高土地市场化水平，在一定程度上可以提高绿色技术效率水平，但是，一旦土地流转方式改变或者土地流转以后利用结构相较土地流转以前不合理，就会造成资源浪费，土地流转就失去其在流转最初所存在的意义，这样就不利于绿色技术效率提高。因此，土地市场化水平对于城市群绿色技术效率的影响需要验证。土地市场化水平用土地招拍挂面积/土地出让面积表征。

（4）城市规模水平。城市规模反映城市中人口集聚程度，是城市群经济发展重要推动力，在一定程度上对于城市群绿色技术效率有积极影响；但是，城市人口在增长过程中，伴随而来的是资源消耗以及环境污染加剧，这些都会降低城市群绿色技术效率。因此，城市规模水平对于城市群绿色技术效率的影响有待验证。本书选取城市年末人口来表征城市规模水平。

（5）产业结构水平。产业结构是指在国家经济发展结构中，工业、农业、服务业三种产业所占比重。产业结构变化对某些行业的影响是正面的，而对另一些行业则会带来负面影响，如果产业结构变换，一些企业可能迎来新的市场机会，快速发展；而另一些企业一旦在结构变换中不能适应，则会危及自身发展。产业结构合理可以推动城市群土地利用结构向更优化方向转变，从而提高绿色技术效率；但是，不同城市群产业结构在不同程度上影响着土地利用效率，最终影响着城市群整体绿色技术效率。因此，产业结构水平对于城市群绿色技术效率的影响有待验证。本书选取城市 GDP 第三产业所占份额占当年城市 GDP 第二产业所占份额的比例来表征产业结构水平。

（6）对外开放程度。对外开放程度是衡量一个国家经济发展水平的重要指标，同样也是衡量一个城市群经济发展水平的重要指标。对外开放程度高，可能会对城市群绿色技术效率有正向影响；但是如果盲目对外开放，不仅会劳民伤财，更会造成资源浪费，对土地资源同样如此。因此，对外开放程度对于城市群绿色技术效率的影响有待验证。本书选取外商投资实际使用额来表征城市群对外开放程度。

（7）科技文化水平。科技文化水平是国家制定文化战略和国家战略的重要参考指标，是一种不容忽视的巨大力量。国家在提升政治、经济、军事水平的同时，也应该注重提高国家科技文化水平，这样才有利于实现国家繁荣昌盛。科技文化投入可以培养更多技术型和创新型人才，新型人才的增多为绿色技术效率提升提供了有利条件；但是，过度注重科技文化投入有时候会造成资源浪费，在某种意义上不利于提升绿色技术效率。因此，科技文化水平对于城市群绿色技术效率的影响有待验证。本书选取每万人大学生人数来表征科技文化水平。

计算所需数据主要来源于《中国城市统计年鉴》《中国国土资源年鉴》。各地市经纬度坐标主要通过软件 ArcGIS 10.2 生成。

4.5.3 多重共线性检验与模型选择

4.5.3.1 多重共线性检验

对数据进行多重共线性检验能够有效进行回归估计。如果研究中所选取影响因素之间存在多重共线性，则会对测算结果的准确性产生一定影响，因此为克服由内生性问题引起的多重共线性、参数设置偏差、预测失效以及无法通过显著性检验等问题，在进行影响因素分析之前，要对所搜集的影响因素数据进行共线性检验。目前，最常用的检验方法有两种：一种是方差膨胀因子法；另一种是容差法。

方差膨胀因子法相关矩阵的逆矩阵 M 为：

$$M = (X'X)^{-1} \tag{4-28}$$

变量 x_i 的方差膨胀因子 v_i 为：

$$v_i = m_{ii} = \frac{1}{1 - R_i^2} \tag{4-29}$$

式（4-29）中，m_{ii} 为矩阵 M 的主对角元素，R_i^2 表示 x_i 与其他解释变量线性相关程度，其线性相关程度强弱与 R_i^2 有关，R_i^2 越趋于 0，则相关程度越弱，v_i 就越小；R_i^2 越趋近 1，则相关程度越强，v_i 就越大。

根据方差膨胀因子原理可知，v_i 越小，解释变量之间的共线性也就越弱；v_i 越大，多重共线性则越强。一般认为当 VIF 值为 1~10 时，不存在共线性，可直接进入后续回归分析；当 VIF 值在 10~100 时，一般认为具有较强共线性；当 VIF 值大于 100 时，则认为具有高度共线性。

本书利用 Eviews 10 软件对方差膨胀因子进行测算，表 4-7 所展示的是本书所选取自变量共线性检验结果。由表 4-7 可知：VIF<10。这个结论可以充分说明变量间多重共线性不明显，可以进行下一步研究。

表 4-7 城市群绿色技术效率各影响因素 VIF 值

影响因素	VIF
人均 GDP	1.38332
固定资产投资占 GDP 的比重	1.04292
工业固体废物综合利用率	1.00983
生活垃圾无害化处理率	1.14266
土地招拍挂面积/土地出让面积	1.00176
城市年末人口	2.18427
城市 GDP 第三产业所占份额占当年城市 GDP 第二产业所占份额的比例	1.14419
外商投资实际使用额	2.37600
每万人大学生人数	1.21332

4.5.3.2 多模型对比分析结果

基于所选自变量与因变量，构建 GTWR、GWR 和 OLS 模型，通过表 4-8 估计结果，可以看出本书选用 GTWR 模型是非常合理的。

表 4-8 三种模型拟合结果比较

模型参数	GTWR	GWR	OLS
R^2	0.8259	0.7535	0.4810
Adjusted R^2	0.8105	0.7498	0.4791

首先，普通线性回归模型（OLS）R^2 等于 0.4810，调整后 R^2 为 0.4791，拟合优度在三个模型中最低，OLS 模型不能够用于本研究中，其原因是 OLS 模型在估算时多用于单个因变量或输出变量，本书所测算数据

为面板数据，因此并不适用于 OLS 模型。

其次，对于地理加权回归（GWR）模型，前文中，全局空间自相关、局部空间自相关结果都表明中国城市群绿色技术效率在空间上存在非平稳性，地理加权回归（GWR）模型应该是首要使用方法。而从表 4-8 结果可以看出，GWR 模型 R^2 等于 0.7535，调整后 R^2 为 0.7498，虽然该模型与OLS 模型相比，拟合效果更好，但与时空地理加权回归（GTWR）模型相比，GTWR 模型引入时间变量，更加具有说服力。

最后，GTWR 模型 R^2 达到 0.8259，调整后 R^2 为 0.8105，模型解释力更强，这充分说明在进行中国城市群绿色技术效率影响因素分析时，GTWR 模型优于 OLS 模型和 GWR 模型，因此，本书选择 GTWR 模型进行检验。

4.5.4　结果分析

利用 ArcGIS 10.2 中 GTWR 模型对影响因素进行分析，从表 4-9 中可以看出，本书所选影响因素影响力大小均不相同，表现出正相关或者是负相关差异。人均 GDP、工业固体废物综合利用率、生活垃圾无害化处理率、土地招拍挂面积/土地出让面积、城市年末人口以及城市 GDP 第三产业所占份额占当年城市 GDP 第二产业所占份额的比例与城市群绿色技术效率始终呈现正相关关系；而固定资产投资占 GDP 的比重、外商投资实际使用额、每万人大学生人数与城市群绿色技术效率始终呈现负相关关系。本书所选取影响因素中，人均 GDP 水平的解释力度更大。

表 4-9　GTWR 模型回归参数

自变量	因变量	最小值	最大值	平均值
X_1	人均 GDP	15.1	19.72	17.40
X_2	固定资产投资占 GDP 的比重	−5.80	−5.45	−5.66
X_3	工业固体废物综合利用率	1.03	1.28	1.16
X_4	生活垃圾无害化处理率	1.14	1.97	1.56
X_5	土地招拍挂面积/土地出让面积	0.264	0.269	0.266
X_6	城市年末人口	1.50	9.15	4.92

自变量	因变量	最小值	最大值	平均值
X_7	城市 GDP 第三产业所占份额占当年 城市 GDP 第二产业所占份额的比例	6.35	6.67	6.51
X_8	外商投资实际使用额	−1.66	−1.49	−1.57
X_9	每万人大学生人数	−2.20	−1.99	−2.09

回归系数可以说明自变量对因变量贡献率大小。为更好地说明这个问题，本书综合分析计算出的回归系数，对所选取 7 大类 9 个影响因子进行可视化表达，具体分析如下。

（1）经济水平

经济水平高的城市群，在投入产出水平、产业结构优化、基础设施完备度、单位产值污染排放水平等方面具有一定优势，进而使城市群绿色技术效率也越来越高。计算结果显示，经济水平中人均 GDP 指标与城市群绿色技术效率关系表现为正相关，且人均 GDP 每提高 1%，绿色技术效率相应提高 17.40%。在空间分布上，人均 GDP 回归系数呈现自西部城市群向东部城市群逐渐减少态势，即人均 GDP 在成渝、滇中、黔中等城市群中的影响力大于在长三角、珠三角、海峡西岸等城市群中的影响力；经济水平中的另一个指标固定资产投资占 GDP 的比重与城市群绿色技术效率关系表现为负相关，即固定资产投资占 GDP 的比重提高不利于城市群绿色技术效率提升，且相对东北部的哈长城市群、辽中南城市群来说，对东南地区北部湾城市群、海峡西岸城市群、珠三角城市群的负向作用更加明显，这说明固定资产投资占 GDP 的比重对于绿色技术效率的负向影响力东南部地区城市群大于东北部城市群；产生这一现象的原因可能是，东南部长三角城市群、珠三角城市群、海峡西岸城市群、北部湾城市群等凭借着良好区位优势，经济发展相较于中西部滇中城市群、黔中城市群、成渝城市群、关中平原城市群等更为迅速，投资数量较大，经济发展达到较高水平，经济增长相较于中西部城市群速度放缓，对于经济投入水平已经足够高，且更加注重经济发展质量，绿色技术效率水平表现为东部<中西部。综合所有城市群回归系数情况看，人均 GDP 对黔中城市群影响最大；固定资产投资

占 GDP 的比重对哈长城市群影响最大。

（2）环境治理水平

党的十九届五中全会和中央经济工作会议立足于新发展阶段，贯彻落实新发展理念，构建新发展格局，对保护生态环境工作做出重要部署，"两山理论"的提出，证实了生态环境的重要性。本研究在前文中国城市群绿色技术效率研究中，考虑非期望产出对于中国城市群绿色技术效率的作用，并且通过与传统 DEA 模型结果对比也证明雾霾污染对于中国城市群绿色技术效率有很大影响，基于此，可知环境治理水平高低会影响绿色技术效率水平。计算结果显示，工业固体废物综合利用率、生活垃圾无害化处理率对城市群绿色技术效率均表现为正向影响，两者影响趋势大体一致，都呈现出从西南部成渝城市群、滇中城市群、黔中城市群到东北部哈长城市群、辽中南城市群逐步递增趋势。西南部成渝城市群、滇中城市群、黔中城市群环境污染程度不高，因此如果投入与其他城市群相同的环境治理资金，则反馈不会令人满意，而东北部两个城市群——哈长城市群和辽中南城市群，是我国两个老工业城市群，资源禀赋良好，工业体系相对较为完备，服务业也与日俱增。工业快速发展带来的明显影响就是生态环境污染，这两个城市群环境治理水平相比西南地区更差，因此环境治理水平提升对于这两个城市群绿色技术效率影响更显著。综合所有城市群回归系数情况看，环境治理水平的两个指标对哈长城市群影响最大。

（3）土地市场化水平

一般来说，市场是配置资源的有效方式，土地市场能够显示出土地真实价值。土地市场交易常见方式可以分为三种，分别是招标、拍卖和挂牌。城市群土地市场化水平受很多因素影响，会随着时间的推移而变化，也会因为地理位置改变而变化，同理，其对于城市群土地影响也不同。计算结果显示，土地市场化水平与城市群绿色技术效率表现为正相关关系，整体呈现为从东南部珠三角城市群、海峡西岸城市群、长江中游城市群、北部湾城市群、长三角城市群到东北部哈长城市群、辽中南城市群逐渐减弱的趋势。相关研究表明，绿色技术效率与土地市场化水平呈现阶段性变化，即先下降后上升，第一个阶段是下降，即土地市场化程度越高，绿色技术效率反而越低；第二阶段是上升，即土地市场化程度越高，绿色技术效率也越高。近些年我国越来越注重土地市场化，东部珠三角城市群、海峡西岸城市群、长江中游城市群、北部湾城市群、长三角城市群经济发展相对较快，政府通过招拍挂的形式出让土地，通过调整土地价格将城市群土地供需控制在合理、可掌握范围内，同时在人们获取土地时，合理增加成本，有利于土地利用集约水平的提高；与这些城市群不同，受中部崛起战略影响，北部哈长城市群、辽中南城市群，中部中原城市群、关中平原城市群、山西中部城市群等，更倾向于通过招商引资、大企业投资等手段有效利用城市群内土地，从而提高绿色技术效率水平。综合所有城市群回归系数情况看，土地市场化水平因素对北部湾城市群影响最大。

（4）城市规模水平

城市规模可以按照城市人口多少来区分，城市规模包括城市人口多少和城市面积大小，城市规模与人口变化密切相关，同样也关乎城市群绿色技术效率。计算结果显示，城市群规模水平与城市群绿色技术效率表现为正相关关系，整体呈现为从东南部珠三角城市群、海峡西岸城市群、北部湾城市群等到东北部哈长城市群、辽中南城市群逐渐增强趋势。珠三角城市群、海峡西岸城市群、北部湾城市群等沿海城市群是较为发达地区，不论是经济发展水平还是城镇化进程都位于我国前列，且发展速度相对较快，人才素质相对较高，管理理念与管理体系相对较为成熟，合理的管理体系与新颖的管理理念使得城市管理水平更为高效，因此再增加城市群规模对于这些地区影响并不显著，而且盲目过快增加城市群规模，会使城市群内部城市生病，即"城市病"，不利于提高城市群绿色技术效率；相比之下，哈长城市群、辽中南城市群城镇化进程较为缓慢，相对较为落后，城市群内高水平技术人才相对较少，因此加快这些城市群城镇化进程，促进高技术人才向这些城市群流动，加大人力资本积累，会大大促进这些地区城市群绿色技术效率的提升。综合所有城市群回归系数情况看，城市规模水平对辽中南城市群影响最大。

（5）产业结构水平

产业结构，也称产业体系，是一个城市群社会经济体制的重要组成部分。产业结构升级是优化城市群产业结构、提高城市群工业产业增加值的系统工程，它需要产业内生产要素在时间、空间和水平上转换。经济主体与经济对象对称关系是产业结构最基本、最根本的推动力。计算结果显示，产业结构水平与城市群绿色技术效率表现为正相关关系，整体呈现为从南部珠三角城市群、海峡西岸城市群、北部湾城市群、滇中城市群、黔中城市群等向北部京津冀城市群、辽中南城市群、哈长城市群等逐渐增强趋势，珠三角、海峡西岸、北部湾这些沿海地带城市群是一线城市集聚地，产业结构及布局相对合理，在城市群发展过程中能够做到及时调整产业结构，对于不合理、对环境污染过大产业，能够及时整治或淘汰，以地理位置优势多多引入新技术，从而提高城市群绿色技术效率，产业结构相对较为成熟合理，因此再进行产业结构改革对绿色技术效率影响较小；而东北地区分布着两个重工业城市群哈长城市群和辽中南城市群，这些城市群里虽然拥有大量工业，但是这些工业多为老旧发展模式，国家对其资金投入没有东部那么丰厚，各种创新观念、理念、技术由于地理位置原因也难以传入，并且由于老旧的发展模式，这些地区排放废水废气量比较大，严重污染城市群内部环境，进一步拉低了城市群绿色技术效率水平，对于这些城市群进行产业结构改革更能促进其发展，从而提高城市群绿色技术效率水平。综合所有城市群回归系数情况看，产业结构水平对辽中南城市群影响最大。

（6）对外开放程度

一个城市群对外开放程度反映在城市群对外交易的方方面面。计算结果显示，对外开放程度对城市群绿色技术效率影响表现为负向，且对外开放程度对于兰西城市群、宁夏沿黄城市群、关中平原城市群、山西中部城市群等中西部城市群的负向影响要大于北部湾城市群、海峡西岸城市群、珠三角城市群等东部城市群。原因是北部湾、海峡西岸、珠三角等沿海城市群分布着我国一大批经济特区，且城市群中有大量沿海开放城市、沿海经济开放区，这些地区凭借着自身独特的地理优势与先进政策优势，较早实现了对外开放，引进国外先进技术经验、管理经验和发展方式，推动经济发展方式向集约型转变，提升绿色技术效率。继续提升对外开放程度可以更好推动城市群发展，提升其绿色技术效率；反观兰西城市群、宁夏沿黄城市群、关中平原城市群、山西中部城市群等，受先天地理位置限制，对外贸易运输成本相对较高，因此对外开放程度一直较低，且由于一些难以避免的因素，即使追加投入，这些城市群对外开放程度仍难以提升，各城市群接受国外先进技术和管理理念速度都较慢，以至于城市群绿色技术效率得不到有效提升。综合所有城市群回归系数情况看，对外开放程度对长三角城市群影响最大。

(7)科技文化水平

加大城市群科技投入，会提高城市群科教水平，在某种意义上可以大幅度提高城市群产出水平，提升城市群绿色技术效率。计算结果显示，科技文化水平对城市群绿色技术效率呈现负向影响，且相较于东北部哈长城市群、辽中南城市群，科技文化水平对于北部湾、海峡西岸、珠三角等东南部城市群负向影响更大，这说明，对于北部湾、海峡西岸、珠三角等东南部城市群来说，提高科技文化水平，不会显著影响其城市群绿色技术效率，相反，对于哈长城市群、辽中南城市群，提高科技文化水平可以有效促进区域产业调整，促进城市群技术水平提高，从而改变现有城市群经济增长方式，提高城市群绿色技术效率，因此增加财政中科技教育支出方面的投入，可以更有效提升哈长城市群、辽中南城市群绿色技术效率。综合所有城市群回归系数情况看，科技文化水平对哈长城市群影响最大。

4.6 本章小结

本章测算了各城市群绿色技术效率，在此基础上从城市群、城市群内两个视角分析了全国城市群绿色技术效率时空演变规律，并对比考虑非期望产出分析结果与不考虑非期望产出普通 DEA 模型分析结果，探讨非期望产出对于城市群绿色技术效率影响力，并对城市群绿色技术效率影响因素进行分析。主要结论如下：

(1)在时间演变上，2001—2016 年城市群整体绿色技术效率值基本处于中等水平，总体处于上升状态；从城市群内部看，山东半岛城市群内部绿色技术效率差异逐步缩小，京津冀、长三角、海峡西岸、中原、长江中游、北部湾、呼包鄂榆、黔中、滇中、兰西、宁夏沿黄、天山北坡、哈长、山西中部城市群内部绿色技术效率差异处于波动状态，珠三角、成渝、关中平原、辽中南 4 个城市群内部绿色技术效率差异在逐步扩大。

（2）在空间演变上，从城市群整体看，19 个城市群绿色技术效率在空间分布上呈现东部城市群绿色技术效率高、中西部城市群绿色技术效率低的态势，且高水平城市群范围较小，但空间连接性在逐渐增强，向内陆扩张势头增大；从城市群内部看，珠三角、长三角、海峡西岸、北部湾这些较为发达城市群内部各城市关系属于"中心—周围"强辐射型，京津冀、中原、长江中游、关中、成渝、山西中部、山东半岛这些城市群内部各城市关系属于"中心—周围"弱辐射型，呼包鄂榆、黔中、滇中、兰西、宁夏沿黄、天山北坡这些位于西部地区城市群内部各城市关系属于"中心—周围"共同发展型。

（3）在空间自相关分析上，以城市群为分析单元看，2001—2016 年中国城市群绿色技术效率集聚类型空间变化明显，大致表现出东部沿海城市群及部分中部城市群高值集聚、西部城市群低值集聚、东北地区城市群低值异质集聚以及西南小部分城市群高值异质集聚变化态势；以城市为分析单元看，2001—2016 年中国城市群内部绿色技术效率集聚变化明显，东部沿海城市群内多为高值集聚、西部城市群内多为低值集聚、小部分中部城市群以及部分东北部城市群内为低值异质集聚、西南和琼粤地区城市群内为高值异质集聚。

（4）从两种模型计算结果看，考虑雾霾污染因素的绿色技术效率值均低于不考虑雾霾污染因素绿色技术效率，平均降幅为 19.5%，且两者变化趋势大致是同步的。这表明雾霾因素对于绿色技术效率的影响还是比较显著的。

（5）城市群绿色技术效率影响因素方面。①土地市场化水平因素对于东部北部湾城市群、海峡西岸城市群、珠三角城市群、长三角城市群等的影响大于中西部中原城市群、关中平原城市群、山西中部城市群、成渝城市群、黔中城市群、滇中城市群等；可以通过提高以上东部地区城市群招标、拍卖和挂牌土地比例来提高东部城市群绿色技术效率。②提升哈长城市群、辽中南城市群城市绿色技术效率，可以从扩大城市规模、改善产业结构、提升科技文化水平、提高环境治理水平入手；可以加大对环境治理投资力度，注重环境保护，优化产业结构，创立新兴产业，提高人口素质，吸引更多技术型人才流入，以此来提升城市群绿色技术效率。③对于成渝、宁夏沿黄、兰西、滇中、黔中这些西部城市群来说，通过提高经济水平如人均 GDP，可以有效促进其绿色技术效率水平提高；通过投入更多资金、人力、资源来管理土地，提升城市群绿色技术效率水平。

第5章

建设用地景观格局对PM$_{2.5}$污染的影响及其时空异质性

党的十八大提出要推进新型城镇化发展，要求在城镇化的大背景下，既要发展经济，又要兼顾生态效益，改善人居环境，实现区域可持续发展战略。城镇化过程主要包含两个方面：一是人口的城镇化；二是土地的城镇化。由土地城镇化带来的区域土地利用/覆被类型以及景观格局的变动是普遍存在的。大量研究表明，作为大气圈下垫面的土地，其利用类型、结构以及景观格局的变化对 $PM_{2.5}$ 具有重大影响[1][2][3]。首先，土地利用/覆被类型以及景观格局的变化可以通过影响 $PM_{2.5}$ "源—汇"景观对 $PM_{2.5}$ 的排放和沉降产生作用，进而使空气中 $PM_{2.5}$ 浓度增加或减少[4]。如城镇建设用地作为 $PM_{2.5}$ 排放源的载体，其吸附能力和阻隔扬尘能力较差，属于 $PM_{2.5}$ 的"源景观"，其面积的增加会导致 $PM_{2.5}$ 浓度的升高[5]；林地、草地由于植物叶片自身具有独特的滞沉效应，会带来 $PM_{2.5}$ 浓度的降低[6]；湿地由于其局部气候较为湿润，而 $PM_{2.5}$ 遇湿易凝结的特点也会加速空气中颗粒物的

① 顾康康，祝玲玲. 合肥市主城区 $PM_{2.5}$ 时空分布特征研究[J]. 生态环境学报，2018，27(6)：1107-1112.

② 郭晓飞. 南昌 $PM_{2.5}$ 时空分布规律与土地利用空间分布关系研究[D]. 南昌：东华理工大学，2018.

③ 卢德彬. 中国 $PM_{2.5}$ 的时空变化与土地利用关系的实证研究[D]. 上海：华东师范大学，2018.

④ 田雅楠，张梦晗，许荡飞，等. 基于"源—汇"理论的生态型市域景观生态安全格局构建[J]. 生态学报，2019，39(7)：2311-2321.

⑤ Han L，Zhou W，Li W，et al. Impact of urbanization level on urban air quality：A case of fine particles $PM_{2.5}$ in Chinese cities[J]. Environmental Pollution，2014(194)：163-170.

⑥ Chen L，Gao J C，Ji Y Q，et al. Effects of particulate matter of various sizes derived from suburban farmland，woodland and grassland on air quality of the central district in Tianjin，China[J]. Aerosol and Air Quality Research，2014，14(3)：829-839.

下沉，进而降低 $PM_{2.5}$ 浓度[①]，因此这类景观为 $PM_{2.5}$ 的"汇景观"。另外，土地利用/覆被类型及其景观格局的演变会对地表圈层的物质交换速率以及水热条件（如城市热岛效应）产生影响，进而会对 $PM_{2.5}$ 的排放、消散产生间接影响[②]。

可见，景观格局对 $PM_{2.5}$ 浓度的影响是明显的，但目前的研究更多聚焦于社会经济因素对 $PM_{2.5}$ 浓度的影响，对景观格局对 $PM_{2.5}$ 浓度影响的研究关注不够，尤其是对其影响机理和作用路径的系统性研究更为欠缺。因此，本研究拟进行如下扩展：①现有针对土地利用景观格局与 $PM_{2.5}$ 浓度关系的研究多从区域整体景观格局展开分析，对于单个土地利用类型及其景观格局对 $PM_{2.5}$ 的影响鲜有涉猎，尤其是针对建设用地景观格局对 $PM_{2.5}$ 浓度的作用机制还缺乏定量表征和理论探讨。近年来，随着我国城市化水平的不断提高以及新型城镇化战略的逐渐深入，厘清建设用地景观格局对 $PM_{2.5}$ 的内在作用机理，发挥建设用地优化配置对大气环境污染的抑制作用显得尤为重要。②现有针对景观格局对 $PM_{2.5}$ 污染的影响分析大多数为相关性分析和线性计量分析。但土地利用变化对 $PM_{2.5}$ 浓度的影响是一个综合复杂的过程，其不仅会受到本地区土地利用类型、规模、景观结构以及相关变量的影响，还会受到邻近地区相关要素的影响。因此，需要将空间概念纳入分析框架中，以便更为真实、准确地揭示两者之间的相关关系。③目前针对 $PM_{2.5}$ 驱动因子时空异质性的研究还较为欠缺，大多数学者仅通过截面数据来探讨各驱动因子的空间差异，而忽视了时间差异。时空异质性理论认为，具有不同地理特征以及处于不同时间节点的事物属性是不同的，在认识这一事物的过程中需要将空间特性和时间特性同时考虑在内。

基于上述分析，本章的安排如下：首先，构建建设用地景观格局对 $PM_{2.5}$ 污染的作用机理框架；其次，以建设用地景观格局作为核心解释变量，选择典型案例区，结合空间自相关（Moran's I）分析方法和空间计量模

---

① Liu J, Yan G, Wu Y, et al. Wetlands with greater degree of urbanization improve $PM_{2.5}$ removal efficiency[J]. Chemosphere, 2018(9): 601-611.

② 张琴，姜华. 低碳导向下的城市空间设计[J]. 城乡建设，2017(4): 28-31.

型（SLM、SEM）对建设用地景观格局以及相关控制变量与 PM$_{2.5}$ 的关系展开专一性、深入性的剖析，并比较不同案例区结论的差异；最后，在探讨建设用地景观格局对 PM$_{2.5}$ 浓度影响过程中引入时空地理加权（GTWR）模型，综合考量京津冀地区建设用地景观格局对 PM$_{2.5}$ 影响的时间差异性和空间差异性。

5.1 建设用地景观格局对 PM$_{2.5}$ 污染的作用机理分析

5.1.1 景观格局的概念及内涵

景观生态学起源于 20 世纪 50 年代，经过多年的发展，目前已经形成了较为完备成熟的独立理论体系，并被学术界所普遍接受，成为生态学研究领域的一个重点研究方向[①]。20 世纪 30 年代末，为了推动生态学与地理学交叉领域研究工作的高效开展，德国生物地理学家 Troll C. 首次提出了"景观生态学"一词[②]。在随后的时间里，相关领域的专家、学者对景观生态学展开了深入的研究和探讨，并根据自身的研究成果给出了不同的景观生态学定义[③④⑤]。如 Forman 等基于"景观"的定义，对景观生态学的概念做出了详细解释，他们认为景观生态学的核心研究内容是对景观结构、功能以及它们的变化规律的研究。国内学者也对景观生态学的概念以及具体研究内容进行了大量的阐释。如肖笃宁等认为景观生态学的研究重心应该是对景观的生态过程以及生态结果方面的深入分析，忽略生态过程和结果的景观结构特征分析是不具有任何科研价值的。虽

---

① Lubchenco J, Olson A M, Brubaker L B, et al. The sustainable biosphere initiative: An ecological research agenda[J]. Ecology, 1991, 72(2): 371.

② Naveh Z, Lieberman A S. Landscape ecology: Theory and application [M]. New York: Springer-Verlag, 1984.

③ Forman R T, Godron M. Landscape ecology[M]. New York: Wiley&Sons, 1986.

④ Turner M G. Landscape ecology: The effect of pattern on process[J]. Annual Reviewof Ecology Systematics, 1989(20): 171-197.

⑤ Duning J B, Danielson B J, Pulliam H R. Ecology processes that affect population in complex landscapes[J]. Oikos, 1992(65): 232.

然针对景观生态学的概念有多种说法，但各学者对于景观生态学中心主旨的表达是相似的。概言之，景观生态学就是对某一空间范围内，各生态组分所构成的景观结构、功能、作用过程以及变化规律进行研究的学科①②③。根据研究内容可以将其概括为三个方面：①景观结构，指各景观组分的数量、种类以及空间构成；②景观功能，指景观组成部分与生态系统以及景观组成部分之间的互动机制；③景观动态，指景观结构和景观功能的时空演变规律④。

由于景观格局（景观结构）在很大程度上控制着景观生态系统功能的特征及其发挥，影响着物质、能量以及各种信息流的形成⑤，因此，对景观格局的研究成为景观生态学的基本和核心内容之一。国内外学者在研究过程中对景观格局的概念进行了定义。国外学者 Barrett 等认为景观格局主要是对景观复杂度以及多样性的考量，景观格局的复杂度以及多样性则主要通过组成景观的斑块数量、大小、形状、类别来表征⑥。因此景观格局的主要内容是围绕组成景观的斑块结构、功能等方面展开的。国内学者肖笃宁等指出，生态系统及其属性在空间上表现出来的异质性、相关性以及规律性就是景观格局的主要研究内容。景观格局对于各类自然资源的空间分布和构成具有决定性作用，制约着养分储藏、热量交换、资源再生等各种生态活动的运行，对生态系统的修复能力、再生能力、生物多样性以及整个系统的稳定发展具有重要影响⑦。王仰麟等认为景观格局是对各景观组

①　陈昌笃. 景观生态学的理论发展和实际作用［C］//马世骏. 中国生态学发展战略研究［M］. 北京：中国经济出版社，1990：232-250.

②　伍业纲，李哈滨. 景观生态学的理论与应用［M］. 北京：中国环境科学出版社，1993.

③　许慧，王家骥. 景观生态学的理论与应用［M］. 北京：中国环境科学出版社，1993.

④　Forman R T. Landscape mosaics：The ecology of landscape and regions［M］. Cambridge：Cambridge University Press，1995.

⑤　Roy H Y，Mark C. Quantifying landscape structure：A review of landscape indices and their application to forested landscapes［J］. Progress in Physical Geography，1996，20(4)：418-445.

⑥　Barrett G W，Peles J D. Optimizing habitat fragmentation：An agrolandscape perspective［J］. Landscape and Urban Planning，1994，28(1)：99-105.

⑦　肖笃宁，李秀珍. 景观生态学的学科前沿与发展战略［J］. 生态学报，2003(8)：1615-1621.

分之间以及各景观组分与生态系统之间在时空上所表现出的作用规律的探讨[①]。邬建国则认为景观格局及组成生态系统的各斑块的空间格局，根据空间布局类型，大致可以分为随机型、规律型以及聚集型三种类型，对于空间格局的具体描述可以通过景观指数以及空间分析方法进行量化表征[②]。邱扬等则认为景观格局包括时间维度和空间维度两个方面，时间维度较容易理解，其重点和难点在于空间维度的探讨；景观格局的空间维度特征是指具有不同属性的景观组成部分在空间上的组合排列方式，景观格局的空间特征决定着生态过程和生态结果[③]。刘宇等基于前人的观点，对景观格局的概念进行了梳理和总结，最终提出景观格局是指具有不同属性、不同形状、不同大小的景观斑块在时间、空间维度上所表现出的演变机制和组合规律[④]。综合以上理论分析，本书认为景观格局是指具有不同属性(数量、大小、形状、类型)的景观斑块在时空上的变化、分布、组合规律。景观格局与生态过程、生态结果之间是相互影响、相互作用的关系，景观格局的变化会导致生态过程和生态结果产生相应的变化，而生态过程及生态结果的变化同时又会反向传导给景观格局。研究景观格局的目的是希望通过对看似杂乱无章的景观斑块进行分析，挖掘其背后的规律及意义[⑤]，为某一生态结果的产生确定驱动因子和作用路径[⑥]，为生态保护和景观合理发展提供理论依据。

5.1.2 建设用地景观格局对 $PM_{2.5}$ 污染的作用机理框架

通过对景观格局概念的总结和梳理，我们可以得知景观格局与生态系统有着密切的联系。其主要是通过以下几个景观参数对生态系统产生影

① 王仰麟，赵一斌，韩荡. 景观生态系统的空间结构：概念、指标与案例[J]. 地球科学进展，1999(3)：24-30.
② 邬建国. 景观生态学——概念与理论[J]. 生态学杂志，2000(1)：42-52.
③ 邱扬，张金屯，郑凤英. 景观生态学的核心：生态学系统的时空异质性[J]. 生态学杂志，2000(2)：42-49.
④ 刘宇，吕一河，傅伯杰. 景观格局—土壤侵蚀研究中景观指数的意义解释及局限性[J]. 生态学报，2011，31(1)：267-275.
⑤ Greig Smith, P. Quantitative plant ecology[M]. London：Blackwell, 1983.
⑥ 肖笃宁. 景观生态学：理论、方法及应用[M]. 北京：中国林业出版社，1991.

响①：①斑块规模。景观组成单元规模的大小对于生态系统的供养能力、更新能力以及物种丰富程度具有重要影响。②斑块形状。各景观组成的形状规则与否和生态系统的物质交换速率，生物群体的生长发育、繁殖迁徙密切相关。③斑块密度。景观斑块密度的大小对于生态系统物质流的传输有着重要意义。④斑块的空间组合会显著影响各种类型的景观之间干扰的强度和相关程度。目前，针对景观格局的定量研究主要是利用景观格局指数展开。景观格局指数可以具体、详尽地表征景观斑块的类别、大小、形状、数量以及空间组合状况，同时景观格局指数自身具有信息高度浓缩性、易于表达性以及易于获取性等特点②③④⑤。因此，通过景观格局指数法对京津冀地区各城市建设用地景观格局进行量化是切实可行的。此外，利用景观格局指数探讨其与 $PM_{2.5}$ 污染之间的关系也是恰当的，具体原因如下：一方面地表景观结构以及景观格局属性的变化会对 $PM_{2.5}$ 污染的排放源数量和规模产生直接影响，从而引起区域内 $PM_{2.5}$ 浓度值的升高或者降低；另一方面景观类型和格局的演变会对 $PM_{2.5}$ 的传输效率以及空间分布产生影响，导致 $PM_{2.5}$ 的消散速度以及空间异质性发生显著变化，进而引发 $PM_{2.5}$ 污染在空间上的集聚效应和变异现象。基于以上分析及前人研究，本书分别选取建设用地斑块面积所占比例（PLAND）、建设用地斑块密度（PD）、建设用地斑块边缘密度（ED）、建设用地平均斑块面积（AREA_MN）、建设用地斑块形状指数（LSI）5 个相关指数构建景观格局对 $PM_{2.5}$ 污染的作用机理框架（见图 5-1）。

① Forman R T T. Some general principles of landscape and regional ecology[J]. Landscape Ecology, 1995, 10(3): 133-142.

② Alberti M, Waddell P. An integrated urban development and ecological simulation model[J]. Integrated Assessment, 2000, 1(3): 215-227.

③ Wu W J, Zhao S Q, Zhu C, et al. A comparative study of urban expansion in Beijing, Tianjin and Shijiazhuang over the past three decades[J]. Landscape and Urban Planning, 2015(134): 93-106.

④ Sun Y, Zhao S Q, Qu W Y. Quantifying spatiotemporal patterns of urban expansionin three capital cities in Northeast China over the past three decades using satellite data sets[J]. Environmental Earth Sciences, 2015, 73(11): 7221-7235.

⑤ Zhou W Q, Huang G L, Mary L C. Does spatial configuration matter? Understanding the effects of land cover pattern on land surface temperature in urban landscapes[J]. Landscape and Urban Planning, 2011, 102(1): 54-63.

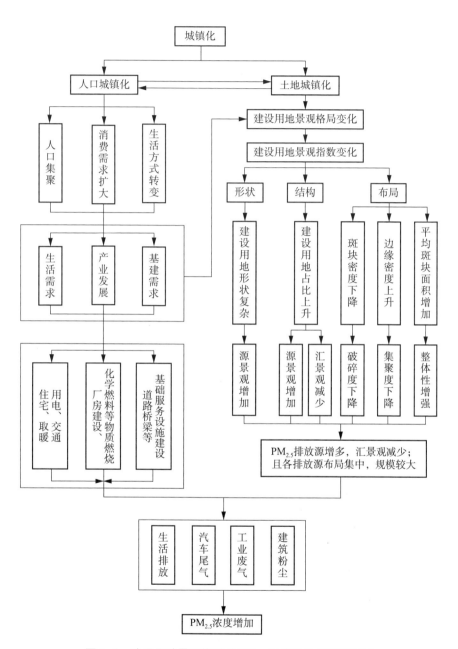

图 5-1 建设用地景观格局对 PM$_{2.5}$污染的作用机理框架

　　城镇化是一个综合复杂的过程，主要包括土地城镇化和人口城镇化[①]。土地城镇化最直接的结果是建设用地规模的扩张，进而导致城镇建设用地景观格局的变化[②]；在土地城镇化进程中，土地作为人类生存和发展的载体，会通过吸引人口不断聚集对人口城镇化产生影响；而人口城镇化水平的提高不仅会产生人口的集聚，还会带来居民生活方式的转变以及居民消费需求的扩大升级，这一系列的变化催生基建需求、生活需求以及产业发展需求，住宅、商服、工业用地需求也会随之大幅提升，会在很大程度上导致城镇建设用地景观格局的变化。这就要求土地城镇化的同步提高来满足人口的生存和发展[③]，也就是说，人口城镇化与土地城镇化是一个相互作用的关系。由于城镇景观中的排放源数量以及排放源面积对于 $PM_{2.5}$ 污染具有决定性作用[④]，所以城镇化进程中所引起的城镇建设用地景观格局的变化能够间接反映 $PM_{2.5}$ 的浓度变化和空间差异。相关研究表明城镇建设用地景观格局的变化主要表现为三个方面：景观结构的变化、景观布局的变化以及景观形状的变化[⑤]。基于此，本研究分别选取建设用地斑块面积所占比例表征城镇建设用地景观格局的结构，建设用地斑块密度、建设用地斑块边缘密度、建设用地平均斑块面积表征城镇建设用地的布局，建设用地斑块形状指数表征城镇建设用地各斑块的形状变化。通过以上 5 个具体的量化指标，从不同维度对城镇建设用地景观格局与 $PM_{2.5}$ 浓度之间的作用机理进行探讨。

5.1.3　建设用地景观格局对 $PM_{2.5}$ 污染的具体作用路径

　　(1)结构层面。建设用地占比的增加，表明作为 $PM_{2.5}$ 各排放源载体的

①　梁流涛，袁晨光，刘琳轲. 中国地级市土地城镇化与人口城镇化协调发展的空间格局分析[J]. 河南大学学报(自然科学版)，2019，49(4)：391-401.

②　陈利顶，孙然好，刘海莲. 城市景观格局演变的生态环境效应研究进展[J]. 生态学报，2013，33(4)：1042-1050.

③　樊鹏飞，梁流涛，李炎埔，等. 基于系统耦合视角的京津冀城镇化协调发展评价[J]. 资源科学，2016，38(12)：2361-2374.

④　孙敏. 城市景观格局对 $PM_{2.5}$ 浓度时空变异的影响[D]. 杭州：浙江农林大学，2017.

⑤　陈文波，肖笃宁，李秀珍. 景观指数分类、应用及构建研究[J]. 应用生态学报，2002(1)：121-125.

"源景观"土地利用类型增加,地表覆被类型发生显著变化,其物理特征也随之发生相应变化,如土壤含水量下降、平整度以及反射率提高等。以上地表属性的转变会引发水文条件、气候条件、地质地貌类型等一系列生态因子的显著改变,进而对区域内的生态系统循环以及各种生化反应产生影响,最终导致 PM$_{2.5}$ 浓度发生变化。另外,由于土地资源的有限性,区域内 PM$_{2.5}$ 排放"源景观"土地利用类型的增加会导致以绿地、森林为代表的"汇景观"土地利用类型的减少,两者综合作用下必然会导致 PM$_{2.5}$ 浓度升高。基于此,建设用地占比的增加会带来 PM$_{2.5}$ 浓度的上升。宋彦等(2014)就在研究中证实了这一论断,其研究结果表明:住宅用地、商业用地、交通用地以及工业用地等是空气中 PM$_{2.5}$ 的主要排放"源景观",其表面承载着大量的 PM$_{2.5}$ 排放源,会造成空气中 PM$_{2.5}$ 浓度的显著提升;而森林、草地、水域等土地利用类型则是大气颗粒污染物的"汇景观",其地表的绿色覆被以及局部的湿润气候所具有的吸附和消散作用会带来 PM$_{2.5}$ 浓度的降低[①]。邵天一等(2004)的研究结果也给出了证明,认为城镇建设用地占比较高的地区,林地、绿地等对 PM$_{2.5}$ 具有抑制作用的景观类型占比则会降低,两者是一个此消彼长的关系,相应地会引起空气中颗粒物浓度的升高[②]。苏维等(2017)的研究结果显示建设用地占比与其他用地类型相比对 PM$_{2.5}$ 浓度的正向影响程度更强,在 500m 缓冲半径下和 1000m 的缓冲半径下的影响系数分别为 0.385 和 0.388[③]。

(2)布局层面。平均斑块面积越大,代表着该地区建设用地斑块的整体性越强,各建设用地斑块之间集中连片性得到提升,这意味着城市规模在不断扩张和变大。在这一过程中,城市对于人口、产业的吸引力和集聚效应增强,造成生活排放、工业废气的大量增加,形成 PM$_{2.5}$ 排放的规模效应,对 PM$_{2.5}$ 浓度产生促进作用;斑块密度、斑块边缘密度越大,表明

① 宋彦,钟绍鹏,章征涛,陈燕萍,丹尼尔·罗德里格斯,布莱恩·莫顿. 城市空间结构对 PM$_{2.5}$ 的影响——美国夏洛特汽车排放评估项目的借鉴和启示[J]. 城市规划,2014,38(5):9-14.

② 邵天一,周志翔,王鹏程,唐万鹏,刘学全,胡兴宜. 宜昌城区绿地景观格局与大气污染的关系[J]. 应用生态学报,2004(4):691-696.

③ 苏维,赖新云,赖胜男,古新仁,张志坚,张帅珺,黄国贤,刘苑秋. 南昌市城市空气 PM$_{2.5}$ 和 PM$_{10}$ 时空变异特征及其与景观格局的关系[J]. 环境科学学报,2017,37(7):2431-2439.

该地区建设用地各斑块之间的破碎程度越强以及与其他景观类型接壤程度越强。由于建设用地各斑块之间较为分散且中间穿插着各种景观类型，同时单位面积上建设用地被人为或自然地分割成破碎的小斑块，因此这类城市的规模相对较小，难以形成大型的住宅区、商服区、工业区，各 $PM_{2.5}$ 排放源呈离散型分布，也就难以形成大规模的生活气体排放、工业废气排放，城市热岛效应较弱；建设用地与其他土地利用类型景观交互作用的增强会带来物质交换速率的提升，为生态系统物质循环提供有利条件，进而引起 $PM_{2.5}$ 浓度的下降。因此，斑块边缘密度、斑块密度的增加对 $PM_{2.5}$ 浓度具有抑制作用。基于以上分析，城镇建设用地整体性越强、集聚程度越高对 $PM_{2.5}$ 浓度的提升作用也就越强，破碎度越大则对 $PM_{2.5}$ 浓度起到的抑制作用越强。众多实证研究也证明了同类型水平上不同的景观布局指数对 $PM_{2.5}$ 具有不同的作用路径。谢舞丹等（2017）以深圳市为例对不同类型的景观指数与 $PM_{2.5}$ 浓度之间的关系进行了分析，结果表明，建设用地斑块边缘密度对 $PM_{2.5}$ 具有负向抑制作用，回归系数为 -0.682，并分析其原因是建设用地斑块边缘密度的增加，会使得建设用地景观与其他景观类型（如林地、草地等 $PM_{2.5}$ 的"汇景观"类型）交互作用增强，进而带来 $PM_{2.5}$ 浓度的降低[①]。万伟华（2019）的研究结果则证实，建设用地斑块密度以及斑块边缘密度与 $PM_{2.5}$ 浓度均呈显著的负相关，回归系数分别为 -0.713 和 -0.714，说明建设用地斑块破碎度越大则越有利于 $PM_{2.5}$ 浓度的降低；反之，集中连片的大规模建设用地则会带来 $PM_{2.5}$ 浓度的升高[②]。也有研究证明建设用地平均斑块面积的增加对 $PM_{2.5}$ 污染具有促进作用，如陈璇（2018）对建设用地等人造地表类型的景观指数以及林地各景观指数与 $PM_{2.5}$ 浓度的关系进行了 R^2 系数回归和 Pearson 系数回归，两种模型结果都表明建设用地平均斑块面积与 $PM_{2.5}$ 显著正相关，其中 R^2 回归系数为 0.5978，Pearson 回归系数为 0.722[③]。

（3）形状层面。形状指数的增加代表着建设用地斑块形状复杂程度的

---

① 谢舞丹，吴健生. 土地利用与景观格局对 $PM_{2.5}$ 浓度的影响——以深圳市为例[J]. 北京大学学报（自然科学版），2017，53（1）：160-170.

② 万伟华. 土地利用变化对 $PM_{2.5}$ 浓度的影响及空间效应研究[D]. 杭州：浙江大学，2019.

③ 陈璇. 杭州湾 $PM_{2.5}$ 遥感估算及其与地表特征关系研究[D]. 上海：上海师范大学，2018.

增强。建设用地斑块形状指数增加的主要原因是人为干扰因素强度的增加，如城市扩张、新城区的开发建设都会带来建设用地形状指数的上升，在这一过程中高强度的人类活动会产生大量的建筑扬尘、工业废气以及更多的 $PM_{2.5}$ "源景观" 土地利用类型，进而造成 $PM_{2.5}$ 污染的加剧。因此，建设用地斑块形状的复杂化会对 $PM_{2.5}$ 浓度产生促进作用。苏维(2017)在对南昌市 $PM_{2.5}$ 污染状况与土地利用景观格局的研究中证实建设用地景观形状指数与 $PM_{2.5}$ 以及 PM_{10} 均呈显著的正相关关系，且对 $PM_{2.5}$ 的影响程度更强，其回归系数分别为 0.395 和 0.386，表明人造地表类型的建筑活动对于景观格局具有较大影响，显著地影响 $PM_{2.5}$ 颗粒物浓度[①]。万伟华(2019)在对长三角地区各土地利用类型景观格局指数与 $PM_{2.5}$ 浓度之间的关系研究中虽然也得出建设用地形状指数对 $PM_{2.5}$ 具有正向影响，回归系数为 0.418，但未能通过显著性检验[②]。

5.2 典型城市群建设用地景观格局时空特征

以京津冀城市群和珠三角城市群为研究对象，分别分析建设用地景观格局的时空特征，以反映不同类型建设用地景观格局的差异。

5.2.1 京津冀城市群建设用地景观格局时空特征

从景观结构、景观布局和景观形状三个方面分析京津冀城市群建设用地景观格局时空特征。

5.2.1.1 景观结构

京津冀城市群建设用地占比在研究期内呈现逐年增加趋势，通过分析发现，京津冀城市群的建设用地占比变化主要分为三个阶段：①缓慢增长阶段(2000—2005 年)。该时期，京津冀城市群建设用地占比由 8.22% 增加

[①] 苏维. 南昌市 $PM_{2.5}$ 和 PM_{10} 的时空分布特征与城市森林阻控机制[D]. 南昌：江西农业大学，2017.

[②] 万伟华. 土地利用变化对 $PM_{2.5}$ 浓度的影响及空间效应研究[D]. 杭州：浙江大学，2019.

到了 8.89%，增加了 0.67 个百分点，年均增长速度为 1.63%，建设用地占比扩张速度在整个研究期内相对较慢。②快速增长阶段（2005—2010 年）。这一阶段，京津冀城市群建设用地占比由 8.89% 增加到了 11.90%，增加了 3.01 个百分点，年均增长速度为 6.77%，建设用地占比扩张速度相对较快。③缓慢增长阶段（2010—2016 年）。在这一时期，建设用地占比增长速度又开始放缓，由 11.90% 增加到了 12.75%，增加了 0.85 个百分点，年均增长速度为 1.19%。

研究期内京津冀各地市建设用地占比变化规律与整体变化规律基本保持一致，除沧州外均呈现逐年增加趋势。沧州市建设用地占比变化特征呈"S"形，先增加，后减少，然后再增加。各地市建设用地占比增长量和增长速度各有不同，其中建设用地占比增加量最多的城市是北京，增加了 10.86%，增加量最少的地市为沧州，增加了 -2.11%；增长速度最快的城市是承德，年均增长速度达到了 11.54%，增长速度最小的城市仍然是沧州市，年均增长速度仅为 -0.8%。

5.2.1.2 景观布局

1. 区域层面整体

景观布局的研究重点是对各景观斑块以及景观整体的空间分布、组合效应的分析[①]，表征因子主要分为三个方面：破碎度、整体性以及割裂程度。因此，本书分别选取了斑块密度、平均斑块面积、斑块边缘密度来衡量京津冀城市群建设用地的景观布局特征。①破碎度方面，用景观斑块的密度大小来表示，斑块密度越大建设用地景观斑块的破碎度越强。京津冀城市群建设用地斑块密度变化特征与建设用地占比变化特征基本保持一致，呈逐年增加趋势，同样分为三个阶段：2000—2005 年和 2010—2016 年为缓慢增长阶段，这两个时期，建设用地斑块密度（PD）增长速度相对较慢，年均增长速度仅为 0.1% 左右；2005—2010 年为快速增长阶段，这一阶段，京津冀城市群建设用地斑块密度由 0.1916 增加到了 0.2470，增加了 0.0554，年均增长速度为 5.78%，增长速度相对较快（见表 5-1）。②整

---

① 陈文波，肖笃宁，李秀珍. 景观指数分类、应用及构建研究[J]. 应用生态学报，2002（1）：121-125.

体性方面,用平均斑块面积的大小来表示,平均斑块面积越大建设用地景观的整体性越强。2000—2016 年京津冀城市群建设用地平均斑块面积随着时间变化呈现逐年稳定缓慢递增趋势。③割裂程度方面,用斑块边缘密度来表示,斑块边缘密度的值越大建设用地斑块被分割的程度越强。通过表 5-1 中数据可以得知京津冀城市群建设用地斑块边缘密度在 2000—2016 年不断增加,割裂程度也不断增强。

表 5-1　2000—2016 年部分年份京津冀城市群整体景观格局指数变化

年份	PLAND	PD	ED	LSI	AREA_ MN
2000	8. 2165	0. 1915	5. 7769	234. 7021	42. 8953
2005	8. 8939	0. 1916	6. 0467	236. 1351	46. 4174
2010	11. 9028	0. 2470	8. 2260	277. 6923	48. 1921
2016	12. 7470	0. 2483	8. 5382	278. 5833	51. 3429

2. 城市群内部差异

(1)破碎度方面。京津冀各地市建设用地斑块密度(PD)变化规律与整体上变化规律差异较大,表现出了以下几种变化规律(见表 5-2):①"U"形变化规律,这一变化规律的主要特征是建设用地斑块密度随着时间的推移先下降后增加,属于这类变化规律的城市包括秦皇岛、北京、天津。②逐年递增变化规律,这一变化规律指随着时间的推移,建设用地斑块密度也不断增加,呈现这一变化规律的城市有石家庄、张家口、承德。③"S"形变化规律,指随着时间的推移建设用地斑块密度先下降,后增加,再下降,表现出这一变化特征的城市有唐山、廊坊、衡水。④"倒 U"形变化特征,指斑块密度随着时间的推移先增加后下降的变化机制,呈现这一变化特征的城市有邯郸、邢台、保定、沧州。同时各地市建设用地占比增长量和增长速度各不相同,其中建设用地斑块密度增加量最多的城市是秦皇岛,由 2000 年的 0. 1955 变为 2016 年的 0. 3096,增加量最少的地市为北京市,由 2000 年的 0. 1935 变为 2016 年的 0. 1590;年均增长速度最快的城市是承德,年均增长速度达到了 11. 39%,增长速度最小的城市仍然是北京市,仅为-1. 11%。

表 5-2 2000—2016 年部分年份京津冀各地市景观格局指数变化

城市	年份	PLAND	PD	ED	LSI	AREA_MN
秦皇岛	2000	5.8878	0.1955	5.5047	50.4340	30.1107
	2005	6.4725	0.1946	5.4172	47.3831	33.2557
	2010	8.8223	0.2894	8.4973	63.3486	30.4809
	2016	10.3601	0.3096	9.2355	63.6575	33.4654
石家庄	2000	9.3076	0.2144	6.5580	61.6846	43.4167
	2005	9.6681	0.2187	6.8966	63.6328	44.2164
	2010	15.4942	0.2232	9.8278	71.6284	69.4068
	2016	16.2240	0.2245	10.1250	72.1471	72.2550
唐山	2000	16.3632	0.2972	9.7041	70.1139	55.0557
	2005	17.3213	0.2959	9.9318	69.7798	58.5469
	2010	22.7178	0.3429	12.5889	78.1132	66.2437
	2016	24.4682	0.3299	12.7974	76.6040	74.1586
邯郸	2000	10.5961	0.3099	8.4377	71.5348	34.1894
	2005	11.4455	0.3192	8.9826	73.2925	35.8575
	2010	15.3190	0.3564	12.1756	85.8706	42.9771
	2016	16.0755	0.3501	12.2879	84.6283	45.9204
邢台	2000	8.9403	0.2866	7.3653	68.9317	31.1988
	2005	9.3855	0.2902	7.8126	71.3930	32.3450
	2010	14.1380	0.3948	11.7665	87.627	35.8094
	2016	15.8640	0.3840	12.4422	87.4917	41.3148
保定	2000	8.8695	0.1870	6.2712	78.8451	47.4244
	2005	9.3338	0.1899	6.5406	80.1391	49.1519
	2010	13.4961	0.2521	10.0176	102.0320	53.5370
	2016	14.2108	0.2494	10.1865	101.1253	56.9910
张家口	2000	2.2654	0.1024	2.3655	75.4600	22.1150
	2005	2.3434	0.1031	2.4062	75.4609	22.7196
	2010	3.8460	0.1786	4.1357	101.2274	21.5388
	2016	4.2952	0.1915	4.5811	106.1510	22.4341

续表

城市	年份	PLAND	PD	ED	LSI	AREA_MN
承德	2000	0.7224	0.0473	0.9505	55.6415	15.2723
	2005	0.7555	0.0482	0.9938	56.8630	15.6631
	2010	1.9358	0.1318	2.7074	96.7718	14.6831
	2016	2.0563	0.1335	2.7720	96.1725	15.4075
沧州	2000	15.7405	0.2760	9.0530	68.5314	57.0299
	2005	15.9323	0.2764	9.1995	69.2131	57.6507
	2010	13.3173	0.3194	11.0701	90.4297	41.6973
	2016	13.6306	0.3178	11.0945	89.5910	42.8952
廊坊	2000	14.1302	0.3665	11.1809	59.7963	38.5508
	2005	15.2322	0.3587	11.4008	58.7572	42.4641
	2010	18.8284	0.3748	14.0931	65.3209	50.2321
	2016	21.0603	0.3742	15.2072	66.6987	56.2791
衡水	2000	12.1045	0.4061	10.0280	71.7524	29.8082
	2005	12.4822	0.4049	10.2145	71.9532	30.8315
	2010	15.0594	0.4566	12.9665	83.1383	32.9828
	2016	16.2847	0.4479	13.3758	82.4784	36.3586
北京	2000	13.6612	0.1935	7.6104	66.1158	70.6015
	2005	16.1877	0.1802	8.3384	66.5515	89.8445
	2010	23.3770	0.1508	7.4533	49.5827	155.0147
	2016	24.5205	0.1590	7.7812	50.5758	154.2029
天津	2000	15.7787	0.2468	9.2821	63.4073	63.9341
	2005	19.1362	0.2457	10.3851	64.3806	77.8697
	2010	23.5586	0.3060	12.0314	67.3427	76.9972
	2016	25.2761	0.3094	12.5139	67.6343	81.6823

（2）整体性方面。2000—2016年，京津冀各城市建设用地平均斑块面积（AREA_MN）表现为三种变化特征（见表5-2）：①"倒S"形，指研究期内建设用地平均斑块面积随着时间的推移先增加，后减少，再增加，呈现这一变化特征的城市有秦皇岛、张家口、承德、沧州、天津。②"倒U"形，这一变化特征是指研究期内建设用地平均斑块面积先增加再减少，呈现这一变化特征的城市是北京市。③逐年递增型，这一机制的主要特征是

随着时间的推移建设用地平均斑块面积不断增加，呈现这一变化特征的城市有石家庄、唐山、邯郸、邢台、保定、廊坊、衡水。截至2016年，京津冀地区各城市建设用地平均斑块面积最大的城市为北京市，平均斑块面积为154.2029，最小的地区为承德，平均斑块面积为15.4075；增加量最多和增速最快的城市依然是北京市，增量达到了83.6014，年均增速为7.4%；增量最少和增速最小的城市都为沧州市，增量为-14.1347，年均增速为-1.55%。

（3）割裂程度方面。2000—2016年，京津冀各城市建设用地斑块边缘密度（ED）表现为三种变化特征：①"倒S"形，指研究期内建设用地斑块边缘密度随着时间的推移先增加，后下降，再增加，呈现这一变化特征的城市是北京市。②"U"形，这一变化特征是指研究期内建设用地斑块边缘密度随着时间的推移先下降，再增加，呈现这一变化特征的城市是秦皇岛市。③逐年递增型，这一机制的主要特征是随着时间的推移建设用地斑块边缘密度不断增加，呈现这一变化特征的城市有石家庄、唐山、邯郸、邢台、保定、承德、张家口、沧州、廊坊、衡水、天津。截至研究期末，京津冀地区各城市建设用地斑块边缘密度最大的城市为廊坊市，边缘密度为15.2072，最小的地区为承德，边缘密度为2.7720；增加量最多的是邢台市，增量为5.0769；增量最少和增速最慢的地区都为北京市，增量为0.1708，年均增速为0.14%；增速最快的城市是承德市，年均增速为11.98%。

5.2.1.3 景观形状

1. 区域层面整体

形状指数可用来表征斑块形状复杂程度，形状指数的增加，表明京津冀地区建设用地受人为活动干扰较大，斑块形状愈加不规则，整体景观水平上斑块形状趋于复杂。由表5-1可知，京津冀地区建设用地形状指数2000—2016年呈现逐年增加态势，具体可以分为三个发展阶段：①缓慢增长阶段（2000—2005年）。该时期，京津冀地区建设用地斑块形状指数（LSI）由234.7021增加到了236.1351，增加了1.443，年均增长速度为0.12%，增长速度较慢。②快速增长阶段（2005—2010年）。这一阶段，京津冀地区建设用地斑块形状指数由236.1351增加到了277.6923,增加了41.5572,增长速度为3.52%,建设用地斑块形状指数增加速度相对较快。③缓慢增长阶段(2010—2016年)。在这一时期,建设用地斑块形状指数增加速度又开始放缓,由277.6923增加到了278.5833,增加了0.8910,增长速度为0.06%,在研究期内增长速度最慢。

2. 城市群内部差异

2000—2016年,京津冀地区各城市建设用地斑块形状指数与区域层面表现出较大差异(见表5-2),具体表现为5种变化特征:①"倒S"形,指研究期内建设用地斑块形状指数随着时间的推移先上升,后下降,再上升,呈现这一变化特征的城市是北京市;②"倒U"形,这一变化特征是指研究期内建设用地斑块形状指数先上升再下降,呈现这一变化特征的城市有邯郸、邢台、保定、承德、沧州、衡水;③逐年递增型,这一机制的主要特征是随着时间的推移建设用地斑块形状指数不断上升,呈现这一变化特征的城市有石家庄、张家口、天津;④"U"形,这一变化特征是指研究期内建设用地斑块形状指数先下降再上升,呈现这一变化特征的城市是秦皇岛、廊坊;⑤"S"形,指研究期内建设用地斑块形状指数随着时间的推移先下降,后上升,再下降,呈现这一变化特征的城市是唐山。截至2016年,京津冀地区各城市建设用地斑块形状指数最大的城市为张家口,形状指数为106.1510,最小的地区为北京,形状指数为50.5758;上升幅度最大和增速最快的城市是承德市,上升幅度达到了40.5310,年均增速为4.55%;上升幅度最小和增速最小的城市为北京市,上升幅度为-15.54,年均增速为-1.47%。

5.2.2 珠三角城市群城镇建设用地景观格局时空特征

本小节从景观面积、景观组成和景观布局三个方面分析珠三角地区城镇建设用地景观格局变化特征。

5.2.2.1 景观面积

如图5-2所示,建设用地面积(CA)在珠三角各地市呈现逐年增加趋势。通过分析发现，珠三角地区的建设用地面积变化主要分为两个阶段：
①快速增长阶段（2000—2005 年）。该阶段城市化进程加快，城市扩张现象
严重。②缓慢增长阶段（2005—2016 年）。受经济等因素影响，城市化进程
放缓，城市扩张现象有所减少。并且随着社会的不断进步，公众对于资源
节约、生态发展越来越重视，城市集约高效发展逐渐成为共识，城市扩张
态势进一步收缩。2000—2016 年，城镇建设用地面积增加最多的为广州
市，由 79904.43hm² 增加到 141027.30hm²，增加了 61122.87hm²，涨幅达
到了 76.49%；建设用地面积增加最少的地区为珠海市，由 18502.92hm²
增加到 26507.97hm²，增加了 8005.05hm²，涨幅达到了 43.26%。总体来
看，珠三角地区建设用地总面积有明显增加，2000 年时总面积为
417908.61hm²，2016 年扩张为 732866.76hm²，增加了 314958.15hm²，涨
幅达到了 75.37%。由此可见 2000—2016 年珠三角地区经历了快速的城市
化过程，建设用地面积大量增加。

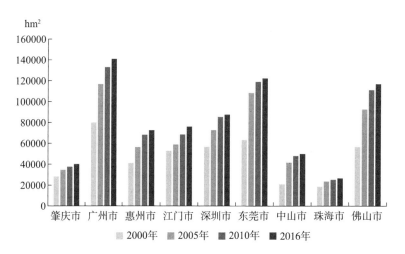

图 5-2   2000—2016 年部分年份珠三角地区城镇建设用地面积变化

5.2.2.2   景观组成

由表 5-3 可知，2000—2016 年珠三角各地市的建设用地斑块面积占比
（PLAND）与建设用地面积变动规律大体一致，整体呈现逐年增加趋势。通
过比较发现，2000—2005 年珠三角地区建设用地占比经历了一个快速增长
的时期；2005—2010 年，增长趋势放缓；到了 2010—2016 年，增速进一

步下降，趋于平稳缓慢增长态势。建设用地斑块面积占比出现以上规律的原因可能是：2000—2005 年中国经济增长幅度较大，城市化进程加快，珠三角地区作为中国的经济发展中心之一，必然会产生大量建设用地需求，造成建设用地占比的快速增加。到了 2005—2010 年，由于市场环境和经济危机等因素的影响，城市化进程开始放缓，建设用地需求也有所减少。2010—2016 年，珠三角地区对于资源节约、绿色发展的要求越来越严格，城市发展理念由粗放扩张型转为下潜、内挖等立体式发展，建设用地扩张速度开始进一步放缓。截至 2016 年，东莞市建设用地斑块面积占比增加最多，增加了 24.5661 个百分点，肇庆增加最少，增加了 0.8010 个百分点。总体来看，珠三角地区建设用地占比平均增加了 10.58 个百分点，增长明显。

表 5-3　2000—2016 年部分年份珠三角地区城镇建设用地景观格局指数变化

城市	年份	PLAND	PD	LPI	MNN
东莞	2000	26.3618	0.2709	3.9655	238.8765
	2005	45.1185	0.1371	27.3902	227.7574
	2010	49.5410	0.1354	29.4798	205.6631
	2016	50.9279	0.1354	30.3353	209.0181
佛山	2000	14.5190	0.2669	3.0457	364.6143
	2005	23.8363	0.2265	6.3406	334.1577
	2010	28.6002	0.2075	4.9847	335.3996
	2016	30.0673	0.2080	5.4035	331.2278
广州	2000	11.3580	0.2111	2.2838	372.4530
	2005	16.6031	0.1825	4.4672	380.4612
	2010	18.8999	0.1794	6.1108	382.6311
	2016	20.0455	0.1858	6.3265	371.0546
惠州	2000	3.6425	0.1156	0.1733	504.0152
	2005	4.9800	0.1219	0.4123	475.4139
	2010	6.0259	0.1222	0.4462	458.2253
	2016	6.4184	0.1277	0.5371	466.8487
江门	2000	5.7330	0.1990	0.604	430.5457
	2005	6.3855	0.2022	0.6999	423.6150
	2010	7.4437	0.2078	0.9724	424.9746
	2016	8.2596	0.2125	1.0143	427.3901

续表

城市	年份	PLAND	PD	LPI	MNN
深圳	2000	29.6035	0.1122	14.8419	491.7796
	2005	37.9916	0.1278	25.6533	385.1149
	2010	44.5913	0.0981	40.6375	397.7013
	2016	45.7324	0.1018	40.7896	395.9005
肇庆	2000	1.9002	0.1424	0.2029	554.8133
	2005	2.3260	0.1479	0.2349	539.0102
	2010	2.5290	0.1495	0.2568	541.6787
	2016	2.7012	0.1523	0.2561	543.6332
中山	2000	12.7790	0.1643	2.4866	394.4174
	2005	25.4552	0.1171	8.7913	336.3956
	2010	29.3583	0.1152	6.9481	293.4444
	2016	30.5060	0.1171	7.1444	301.8045
珠海	2000	15.1383	0.1865	3.9429	445.7723
	2005	19.2196	0.1758	4.1012	401.5174
	2010	20.5307	0.1600	4.1986	453.4550
	2016	21.6756	0.1864	4.2365	366.5097

5.2.2.3 景观布局

景观布局强调的是斑块类型在空间上的组合效应以及整个景观的布局效应①，表征因子主要分为三个方面：破碎度、整体性以及内聚性。因此，本书分别选取了斑块密度、最大斑块形状指数以及平均最近距离来衡量珠三角地区建设用地的景观布局特征。

在破碎性方面，主要通过景观斑块密度(PD)大小来表示。斑块密度在各地市的变化规律主要分为两种类型：一种是"U"形趋势，即斑块密度先下降后增加；另一种是逐年增加趋势。其中属于"U"形趋势的地区有佛山、广州、中山、珠海，逐年递增的地区有惠州、江门、肇庆。进一步分析可以发现，属于"U"形发展趋势的地区主要为经济发展水平较高的城市；呈

---

① 谢志萍. 北京PM$_{2.5}$时空分布规律及其与土地利用空间分布关系研究[D]. 昆明：云南师范大学，2017.

162

现逐年递增态势的惠州、江门、肇庆相对经济发展水平较低。造成这一现象的原因可能是随着经济、城市化水平的不断发展，城市规模不断扩大，城市建设用地的集中连片性增强，斑块密度下降；当城市化水平进一步提高，中心城市的人口、资源、生态承载力达到极限，为了缓解中心城区的压力，新城区的开发成为必然，斑块密度又开始逐渐增加。而惠州、江门、肇庆由于经济水平、城市化水平相对较低，集聚作用较弱，还未形成大规模的中心城市，城市布局较为分散，斑块密度较大。与 2000 年相比，2016 年东莞市斑块密度下降最多，下降了 0.1355；珠海下降最少，下降了 0.0001。肇庆市、惠州市、江门市则为增加状态，均上升了 0.01 左右，总体上珠三角地区城镇建设用地的斑块密度指数下降了约 0.24，该指数的下降表明珠三角地区城镇建设用地破碎程度下降。

在整体性方面，利用最大斑块形状指数的大小来表示。2000—2016 年珠三角地区最大斑块形状指数（LPI）整体呈现逐年增加趋势（见表 5-3）。其中 2000—2005 年，增加趋势最为明显；2005—2016 年保持缓慢增长。主要原因是：在经济快速发展时期，各地市城市化水平大幅提升，大规模城区开始形成，城市的协作性和整体性显著提高，最大斑块形状指数也快速增加；随着经济发展和城市化发展速度的放缓，城市的扩张速度开始降低，进而最大斑块形状指数增速放缓。截至 2016 年，东莞市最大斑块形状指数增长最多，增加了 26.3698，肇庆市增加最少，增加了 0.0532；整体来看，珠三角地区 2000—2016 年，最大斑块形状指数平均增加了 7.17，最大斑块形状指数的增加意味着珠三角地区城镇建设用地整体性增强。

在内聚性方面，通过景观各斑块之间的距离大小来表示。珠三角地区建设用地平均最近距离（MNN）整体呈现"U"形变化趋势，即先下降后上升。其原因是城市化水平不断提高，城市规模不断扩张以及大型城市所带来的集聚效应和带动作用不断增强，各建设用地之间逐渐发展成为集中连片区，平均最近距离不断降低；随着城市规模达到一定程度，城市挖掘潜力开始下降，政府开始规划建设副中心城市、卫星城，建设用地集聚程度开始下降，平均最近距离增加。2000—2016 年，珠三角地区建设用地平均最近距离下降最多的地市为深圳市，下降了 95.8791，下降最少的为广州市，下降了 1.3984。整体来看，珠三角地区的建设用地平均最近距离下降了 42.66，平均最近距离的下降意味着珠三角地区 2000—2016 年城镇建设用地的集聚程度增加。

5.3 建设用地景观格局对 $PM_{2.5}$ 浓度影响的空间计量分析

5.3.1 空间计量相关测度方法

由于 $PM_{2.5}$ 是在空气中进行传播和扩散的，某一污染源的 $PM_{2.5}$ 排放不仅会对当地的空气质量产生影响，与邻近地区的空气质量也有密切联系。因此，$PM_{2.5}$ 污染存在较强的空间自相关性。另外，作为 $PM_{2.5}$ 排放"源景观"的建设用地具有集中连片的特征，这一特性更提升了 $PM_{2.5}$ 污染的空间自相关程度。而在传统的计量模型中，常常假设被观测数据之间是独立无关联的，并认为它们具有固定性和均质性。由于空间自相关性的存在，传统计量模型的前提假设不能被满足，如果继续使用此类方法对观测数据进行估计，则会忽略掉数据之间的空间效应，使估计结果出现偏误。综上分析，在进行 $PM_{2.5}$ 污染与建设用地景观格局的机制分析中需要利用空间计量方法，对京津冀各城市 $PM_{2.5}$ 数据之间的空间效应加以考虑，以期得出更为真实、有效的计量结果。

5.3.1.1 空间权重矩阵

空间计量分析是建立在观测数据之间存在空间自相关性的基础上的。因此，我们需要对观测数据间的空间自相关性进行度量，依据度量结果判定被分析数据是否适用于空间计量分析方法。常用的空间自相关分析方法主要有以下 4 种：Moran's I 指数、Moran's I_i 指数、Geary C 指数、Geary C_i 指数。但无论采用何种方法，都需要构建空间权重矩阵。因此，在介绍空间自相关分析方法之前，需要对空间权重矩阵做一简单介绍。空间权重矩阵主要有以下几种类型：

1. 空间相邻权重矩阵

"相邻"是地理学中一种较为常用的空间关系函数。判断两个地区之间是否为相邻空间关系的关键在于两地区之间是否存在公共的顶点或边界，当地区 i 与地区 j 之间存在公共的顶点或边界，我们就称地区 i 与地区 j 之间为相邻的空间关系，那么地区 i 与地区 j 之间的空间相邻权重矩阵 $W_{ij}=1$；若两地区之间不存在相邻的空间关系，则 $W_{ij}=0$，具体公式如下：

$$W_{ij}(d) = \begin{cases} 1, & \text{当地区 } i \text{ 和 } j \text{ 相邻} \\ 0, & \text{当地区 } i \text{ 和 } j \text{ 不相邻} \end{cases} \quad (5-1)$$

式（5-1）中：i 为地区 i，j 为地区 j，$i \neq j$；$W_{ij}(d)$ 为空间相邻权重矩阵。

按照不同的相邻关系，空间相邻权重矩阵又可以细分为以下几类：

（1）车式相邻：指两个地区之间存在公共的边界；

（2）象式相邻：指两个地区之间存在公共的顶点；

（3）后式相邻：指两个地区之间既存在公共的边界，也存在公共的顶点。

此外，根据研究需要我们还可以对相邻的相邻进行考察，即二阶空间相邻权重矩阵。如地区 i 与地区 j 相邻，而地区 j 又与地区 q 相邻，通过二阶空间相邻权重矩阵则可以对地区 i 与地区 q 的空间关系进一步考察。

2. 空间距离权重矩阵

除了根据相邻的关系来定义空间权重矩阵，依据各观测单元之间的距离来确定权重矩阵也是一种常用的方法。依据不同的距离确定方法，其主要分为以下几种类型：

（1）基于地区间距离构建空间距离权重矩阵

若将地区 i 与地区 j 之间的距离记为 d_{ij}，设定距离临界值为 d。若地区 i 与地区 j 之间的距离 d_{ij} 小于距离临界值 d，我们将空间距离权重矩阵值设定为 1；若地区 i 与地区 j 之间的距离 d_{ij} 大于距离临界值 d，则将空间距离权重矩阵值设定为 0，具体公式如下：

$$W_{ij}(d) = \begin{cases} 1, & d_{ij} < d \\ 0, & d_{ij} > d \end{cases} \quad (5-2)$$

式（5-2）中：i 为地区 i，j 为地区 j，$i \neq j$；d_{ij} 为地区 i 和地区 j 之间的距离，d 为事先设定的距离临界值；$W_{ij}(d)$ 为空间距离权重矩阵。

（2）基于 K-Nearnest-Neighbor 方法构建空间距离权重矩阵

构建空间距离权重矩阵需要首先计算出其他所有地区与本地区之间的距离，然后对所求出的距离进行排序，最后将前 k 个最近距离地区的空间权重矩阵值设定为 1，其余为 0，具体表达公式如下：

$$W_{ij}(d) = \begin{cases} 1, & d_{ij} < d_k \\ 0, & d_{ij} > d_k \end{cases} \tag{5-3}$$

式（5-3）中：i 为地区 i，j 为地区 j，$i \neq j$；d_{ij} 为地区 i 和地区 j 之间的距离；k 为取出的最近距离的个数，d_k 为前 k 个最近距离中的最大值；$W_{ij}(d)$ 为空间距离权重矩阵。

（3）基于反距离法构建空间距离权重矩阵

反距离空间权重矩阵是基于距离取倒数的一种空间权重矩阵构建方法，在反距离的基础上，还要增加距离的幂，用于决定是否要强调距离的作用，具体表达公式如下：

$$W_{ij}(d) = \begin{cases} \dfrac{1}{d_{ij}^{-\varphi}}, & d_{ij} < d \\ 0, & d_{ij} > d \end{cases} \tag{5-4}$$

式（5-4）中：i 为地区 i，j 为地区 j，$i \neq j$；d_{ij} 为地区 i 和地区 j 之间的距离，d 为事先设定的距离临界值；φ 为距离的幂，幂越大表示距离的作用越大；$W_{ij}(d)$ 为空间距离权重矩阵。

在实际研究过程中，为了计算的标准化和便捷，我们通常根据地区之间的行政中心距离或者地区与地区质心之间的距离来建立空间距离权重矩阵。为了适应距离计算定义的变化，我们对权重指标也做出相应的调整。权重指标的设定主要取决于函数形式（如欧氏距离、距离倒数的平方等）。通常将距离参数 φ 设为 0.5、1 或者 2，φ 的值越大则表示近距离所占的权重越大；φ 的值越小，则表示近距离所占的权重越小。地区间的距离可以利用两地区行政中心所在地的经纬度计算获得。变形后的公式如下：

$$d_{ij} = 6378 \times \alpha\cos\left\{ \begin{array}{l} \sin\left(lat_i \times \dfrac{\pi}{180}\right) \times \left(lat_j \times \dfrac{\pi}{180}\right) + \\ \cos\left(lat_i \times \dfrac{\pi}{180}\right) \times \cos\left(lat_j \times \dfrac{\pi}{180}\right) \times \cos\left[(long_i - long_j) \times \dfrac{\pi}{180}\right] \end{array} \right\}$$

$$\tag{5-5}$$

式(5-5)中：i 为地区 i，j 为地区 j，$i \neq j$；lat_i 和 $long_i$ 分别为地区 i 行政中心或者质心所在地的纬度和经度，lat_j 和 $long_j$ 分别为地区 j 行政中心或者质心所在地的纬度和经度；π 取 3.14；d_{ij} 为地区 i 和地区 j 之间的距离。

3. 社会经济空间权重矩阵

除了受到地理要素的影响，地区间的空间自相关性还与社会经济发展水平密切相关。因此，学者们在构建空间权重矩阵时引入了"经济距离"的概念。其原理是在空间距离权重矩阵的基础上加入"经济距离"作为修正系数。经济距离通常利用地区间 GDP 差值的绝对值表示，具体如下：

$$W_{ij}^* = W_{ij} \times E_{ij} \tag{5-6}$$

式(5-6)中：i 为地区 i，j 为地区 j，$i \neq j$；W_{ij} 为空间距离权重矩阵；E_{ij} 为经济距离；W_{ij}^* 为社会经济空间权重矩阵。E_{ij} 的具体计算公式如下：

$$E_{ij} = \frac{1}{|\overline{Y}_i - \overline{Y}_j|} \tag{5-7}$$

式(5-7)中：$\overline{Y}_i$ 为 i 地区的人均 GDP，$\overline{Y}_j$ 为 j 地区的人均 GDP。

5.3.1.2　空间自相关检验

在了解空间权重矩阵的基础上，我们可以运用空间探索性分析方法对观测数据之间的空间自相关性进行测度。简单来说，空间自相关就是某一空间范围内距离较近的地理单元之间有着较为相似的属性。如果属性相似的地理单元集聚在一起，我们就把这一现象称为空间正向自相关；若具有不同属性的地理单元呈现集聚状态，我们则称之为空间负向自相关；倘若各地理单元属性呈现出自由、随机分布，那么各地理单元之间则不存在空间自相关。空间自相关主要包括全局空间自相关与局部空间自相关两种类型。全局空间自相关是对研究区域内所有观测样本在空间上的分布状况进行分析；而局部空间自相关分析的重点在于某一地理单元属性与其附近地理单元属性的空间关系，如在某一空间范围内就某一种属性在局部形成的高—高集聚区、高—低集聚区、低—高集聚区、低—低集聚区。

1. 全局空间自相关统计量

全局空间自相关统计量主要有 Moran's I 指数、Geary's C 指数等方法。

通过指数计算可以对整个研究范围内所有地理单元之间的平均关联程度进行量化。

（1）Moran's I 指数

Moran's I 指数的取值范围为 -1~1，若 Moran's I 指数 >0，则表示研究区各观测点之间存在正向自相关，且值越接近于 1，正向自相关性越强，也就是呈现高—高集聚状态；同理，若 Moran's I 指数 <0，则认为研究区各观测点之间为负向自相关，且值越接近于 -1，负向自相关性也就越强，也就是高—低或者低—高集聚。此外，当 Moran's I 的值无限接近于 0 时，则证明各观测点之间不存在空间自相关性。其具体模型如下：

$$\text{Moran's I} = \frac{\sum\limits_{i=1}^{n}\sum\limits_{j \neq i}^{n} w_{ij}\left(x_i - \frac{1}{n}\sum\limits_{i=1}^{n}x_i\right)\left(x_j - \frac{1}{n}\sum\limits_{i=1}^{n}x_i\right)}{\frac{1}{n}\sum\limits_{i=1}^{n}\left(x_i - \frac{1}{n}\sum\limits_{i=1}^{n}x_i\right)^2 \sum\limits_{i=1}^{n}\sum\limits_{j \neq 1}^{n} w_{ij}} \tag{5-8}$$

式（5-8）中：x_i 和 x_j 分别为地区 i 和地区 j 的某一属性值，w_{ij} 为空间距离权重矩阵，n 为研究范围内地区的个数。

（2）Geary's C 指数

由于计算方法的不同，Geary's C 指数的取值范围以及结果解读与 Moran's I 指数有所不同。其变化范围为 0~2，若 Geary's C 的值大于 0 而小于 1 时，则认为各观测点之间存在正向自相关，且 Geary's C 的值越接近于 0 时，正向自相关性越强；若 Geary's C 的值大于 1 且小于 2 时，则认为各观测点之间存在负向自相关，且 Geary's C 的值越接近于 2 时，负向自相关性越强。当 Geary's C 的值无限接近于 1 时，我们则认为各观测点之间不具备空间自相关性，呈自由、离散型分布。值得注意的是，2 是 Geary's C 的严格上限。其具体模型如式（5-9）所示，式中各字母指代含义与式（5-8）相同，这里不再赘述。

$$C = \frac{n-1}{2S_o} \frac{\sum\limits_{i=1}^{n}\sum\limits_{j=1}^{n} w_{ij}(x_i - x_j)^2}{\sum\limits_{i=1}^{n}(x_i - \bar{x})^2} \tag{5-9}$$

其中，$S_o = \sum\limits_{i=1}^{n}\sum\limits_{j=1}^{n} W_{ij}$。

2. 局部空间自相关统计量

局部空间自相关则常用 Moran's I_i 和 Geary's C_i 进行量化，其主要用来表述各观测点空间自相关关系的差异性，可以有效地探测研究区范围内观测数据的局部空间分布特征。

（1）Moran's I_i 指数

Moran's I_i 指数的取值范围与 Moran's I 指数一样都为-1~1，但 Moran's I_i 的值并不是严格限定于-1 至 1。关于 Moran's I_i 指数的结果解读，这里不仅要观察 Moran's I_i 的值，还加入了显著性和观察值。若地区 i 的 Moran's I_i 值通过了显著性检验，且与观察值两者都为正值，则认为地区 i 与周边地区为高—高集聚的空间相关状态；若 Moran's I_i 的值通过检验且为正，观察值为负，则认为地区 i 与周边地区呈现低—低集聚的状态；若显著性检验通过且为负，观察值为正，表明地区 i 与周边地区呈现高—低集聚的状态；若显著性检验通过且为正值，观察值为负值，则表示地区 i 与周边地区呈低指数高集聚。其计算公式如下：

$$I_i = \sum w_{ij} z_i z_j$$
$$z_i = \frac{(x_i - \bar{x})}{\delta}$$
$$z_j = \frac{(x_j - \bar{x})}{\delta} \quad (5-10)$$

式（5-10）中：z_i 为地区 i 的观测值，z_j 为地区 j 的观测值，w_{ij} 为空间权重矩阵。

（2）Geary's C_i 指数

对于 Geary's C_i 指数，主要观察计算中所得出的 P 值的大小，若 P 值大于 0.98，则认为地区 i 与周边地区具有正相关性；若 P 值小于 0.95，则认为地区 i 与周边地区具有负相关性。其具体模型如式（5-11）所示，式中各符号含义与式（5-10）一样，此处不再赘述。

$$I_i = \sum_{j \neq 1}^{n} w_{ij} (z_i - z_j)^2$$
$$z_i = \frac{(x_i - \bar{x})}{\delta}$$

$$z_j = \frac{(x_j - \overline{x})}{\delta} \tag{5-11}$$

5.3.1.3 空间计量模型

根据冲击方式的不同，本书主要采用了两种较为经典且常用的空间计量模型，一种是空间滞后模型（SLM），另一种是空间误差模型（SEM）。

1. 空间滞后模型（SLM）

空间滞后模型的重点研究内容在于对某研究区范围内各观测数据在空间上是否存在溢出效应进行分析。其表达形式如下：

$$P_{it} = \rho W_{P_{it}} + \alpha_0 + \alpha_1 PLAND + \alpha_2 PD + \alpha_3 ED + \alpha_4 LSI +$$
$$\alpha_5 AREA\_MN + \alpha_6 X_{it} + \varepsilon_{it} \tag{5-12}$$

式（5-12）中，P_{it} 为被解释变量，具体为京津冀地区第 i 个城市第 t 年的年均 $PM_{2.5}$ 浓度值；ρ 为空间回归相关系数，具体指京津冀各邻近地市的年均 $PM_{2.5}$ 浓度值对本地区年均 $PM_{2.5}$ 浓度值的影响程度和方式；W 为空间权重矩阵，本研究中所采用的权重矩阵类型为空间相邻权重矩阵，具体原理在上述内容中已做详细介绍，此处不再赘述；W_p 为空间滞后因变量，反映了空间距离对京津冀各地级市 $PM_{2.5}$ 的影响程度；$PLAND$、PD、ED、LSI 为核心解释变量，α 为各核心解释变量的影响系数，其中 $PLAND$ 为建设用地斑块面积所占比例，PD 为建设用地斑块密度，ED 为建设用地斑块边缘密度，LSI 为建设用地斑块形状指数，$AREA\_MN$ 为建设用地平均斑块面积；X 为影响 $PM_{2.5}$ 浓度值的控制变量集合，包括道路密度、人口密度、人均 GDP、第二产业占比、降雨量、风速；ε_{it} 为随机干扰项。

2. 空间误差模型（SEM）

与空间滞后模型不同，空间误差模型是将空间效应与随机干扰项关联到了一起，也就是说空间权重矩阵放在了不易检测到的误差项中。这一模型可以分析附近地区的扰动项对本地区被解释变量的冲击。其数学表达式如下：

$$P_{it} = \alpha_0 + \alpha_1 CA + \alpha_2 PLAND + \alpha_3 PD + \alpha_4 LPI +$$
$$\alpha_5 AREA\_MN + \alpha_6 X_{it} + \varepsilon_{it} \tag{5-13}$$

其中 $\varepsilon_{it} = \lambda W_{it} + \mu_{it}$。

式(5-13)中，参数 λ 为空间误差系数，其指代各观测数据之间的空间
依赖程度，即京津冀地区各邻近城市的年均 PM$_{2.5}$浓度值对本地区年均
PM$_{2.5}$浓度值的影响程度和方向。μ_{it} 为正态分布的随机误差向量。

5.3.2 京津冀城市群地区实证研究

依据上述方法，以京津冀地区为研究对象，定量分析基于建设用地景
观格局视角的雾霾污染形成机制。

5.3.2.1 指标体系构建及数据来源

1. 景观格局指数体系构建

由于景观格局指数具有较高的信息丰富度和便捷的表达形式，可以对
景观格局各方面的信息特征进行很好的量化和诠释，其在景观格局研究领
域得到了广泛的认可和应用。随着景观格局指数法的不断演化，景观格局
指数的数量也变得越来越多，但其主要还是分为三个方面，分别是景观、
斑块类型以及斑块。由于各景观格局指数背后所指代的生态学意义各不相
同，景观格局指数的不断增多对研究工作的影响有利也有弊，有利的一面
是为有效信息的提取提供了更多的选择，不利的一面则是增加了最优景观
指数的识别难度。所以，在进行实际研究的过程中，不仅需要对景观指数
进行全面的认识和深入的了解，还需要根据研究主题和内容对景观指数进
行严格筛选，找出最能准确、真实表达出所需信息的景观指数，避免由于
景观指数选择不当甚至错误造成研究结果的失真。本研究在对景观指数进
行识别、筛选的过程中主要遵循以下基本原则：

（1）依据研究区范围选择恰当的景观尺度。景观尺度主要包含两个方
面，一方面是景观粒度，另一方面则是景观幅度。景观粒度的大小决定了
景观指数所能表达的最小景观单元，景观幅度的大小则决定了景观指数所
能表达的时空范围。不同尺度的景观指数具有不同的生态学意义。因此，
在对京津冀地区建设用地景观格局指数与 PM$_{2.5}$污染的关系研究中，需要
依据研究区的大小以及样本数据的特征选择合理的景观尺度。

（2）在景观指数选择时应对景观指数的重复性、内生性问题进行考虑。当选取的景观指数之间有着较为相似的生态学意义或者景观指数之间存在较强的联动效应时，应当依据研究主题与内容进行适当取舍，从而明确研究所需的景观指数，避免景观指数选择的盲目性。

（3）景观指数的选取应当以服务研究为最终目标。在研究过程中所出现的景观指数都应当与研究目的息息相关。因此，在建立景观指数体系时，应当选取最贴合研究目标且有着较高代表性的景观指数。本研究的最终目标是探讨建设用地景观格局指数与 $PM_{2.5}$ 污染之间的关系，即只涉及建设用地类型的景观指数。因此，本研究只选取斑块类型方面的景观指数来构建景观格局指数体系。

依据以上原则并结合本研究的主旨、内容和目标，分别选取了建设用地斑块面积所占比例、建设用地斑块密度、建设用地斑块边缘密度、建设用地平均斑块面积、建设用地斑块形状指数 5 个景观指数作为核心解释变量对建设用地景观格局与 $PM_{2.5}$ 污染的关系展开分析。各景观指数的数学表达形式及生态学意义见表 5-4。

表 5-4　景观格局指数的选取及说明

指数	缩写	计算公式	公式简述	生态学意义
斑块面积所占比例	PLAND	$PLAND = \dfrac{\sum\limits_{j=1}^{n} a_{ij}}{A} \times 100$	A 为景观总面积，a_{ij} 为 j 景观类型斑块总面积	表征景观类型占景观的比例，判断优势景观类型
斑块密度	PD	$PD = \dfrac{n_i}{A} \times 10000 \times 100$	n_i 为 i 景观类型斑块个数	每百公顷上斑块的数量，可用于表征景观和类型水平上斑块的破碎度
斑块边缘密度	ED	$ED = \dfrac{\sum\limits_{j=1}^{n} e_{ij}}{A} \times 10000$	e_{ij} 为 j 景观类型斑块的边缘长度总和	表征斑块被分割的程度，也可用于表示景观破碎度
平均斑块面积	AREA_MN	$AREA\_MN = \dfrac{A_i}{n_i}$	A_i 表示景观类型 i 斑块总面积，n_i 为 i 类型斑块总数	表征景观或斑块类型破碎度

指数	缩写	计算公式	公式简述	生态学意义
斑块形状指数	LSI	$LSI = \dfrac{C}{2\sqrt{\pi A}}$	C 为斑块总周长，A 为斑块面积	表示斑块形状复杂度，反映景观或类型水平上内部斑块组合复杂度

2. 控制变量的选取

PM$_{2.5}$污染的时空差异不仅受控于土地利用模式的变化，还受人文、经济、自然等多种因素的影响。本书借鉴相关研究成果，选取 4 个人文经济因素——道路密度（RD）、人口密度（POPD）、人均 GDP（AGDP）、第二产业占比（IND），以及 2 个自然因素——年均降雨量（RAIN）、年均风速（WIND）作为控制变量，各控制变量详细信息见表 5-5。

表 5-5 控制变量选取及说明

一级指标	二级指标	缩写	计算公式
道路因素	道路密度	RD	道路里程/土地总面积
人口因素	人口密度	POPD	人口/土地总面积
经济因素	人均 GDP	AGDP	GDP/总人口
产业结构	第二产业占比	IND	第二产业产值/GDP
自然因素	年均降雨量	RAIN	年平均降雨量
	年均风速	WIND	年平均风速

5.3.2.2 空间计量结果分析

1. 空间自相关检验结果分析

本书利用 Moran's I 统计量对京津冀地区 13 个地市的 4 期 PM$_{2.5}$浓度进行空间自相关检验。若通过空间自相关性检验，则采用空间计量模型对京津冀地区 PM$_{2.5}$浓度与城镇建设用地景观格局及相关控制变量之间的关系进行回归分析；若无法通过空间自相关性检验，则利用 OLS 方法进行建模分析。根据表 5-6 检验结果可知：京津冀地区 13 个地市的 PM$_{2.5}$浓度之间存在显著的空间相关性。四期的 Moran's I 值分别为 0.565、0.485、0.462、

0.540，并且都通过了 5% 的显著性检验，表明京津冀地区 $PM_{2.5}$ 浓度存在显著的空间正相关性。因此在研究京津冀地区 $PM_{2.5}$ 浓度与城镇建设用地景观格局之间的相关关系时应将空间自相关性考虑在内。

表5-6　地区 $PM_{2.5}$ 浓度空间自相关性检验

年份	Moran's I		
	统计值	Z	P 值
2000	0.565	3.499	0.000
2005	0.485	3.127	0.002
2010	0.462	3.083	0.002
2016	0.540	3.435	0.001

2. 空间面板计量结果分析

基于上述空间自相关性检验结果，本书采用空间计量的两种经典模型——空间滞后模型(SLM)和空间误差模型(SEM)对京津冀地区 $PM_{2.5}$ 浓度与城镇建设用地景观格局以及相关控制变量之间的相关关系进行分析，并根据 LM 检验结果以及 Hausman 检验结果来选择使用 SLM/SEM 模型、固定效应模型/随机效应模型。根据 LM 检验结果可以发现 LM(lag) 统计量大于 LM(error) 且更为显著，依据 LM 检验原理[①]判定本书中使用 SLM 模型更优。Hausman 检验结果则在 1% 的显著性水平下拒绝了随机效应的原假设，即固定效应更为合适。因此，本书采用 SLM 模型的固定效应模型回归结果作为最优拟合结果进行分析，具体拟合结果见表 5-7。

表5-7　建设用地景观格局与 $PM_{2.5}$ 浓度空间分析结果

变量	模型			
	SLM		SEM	
	fe	re	fe	re
ln$PLAND$	5.3914＊＊ (2.22)	3.4452 (1.11)	4.7074＊＊ (2.09)	1.5583 (0.59)
lnPD	−5.7220＊＊ (−2.34)	−3.5025 (−1.13)	−4.9407＊＊ (−2.16)	−1.6039 (−0.61)

---

① 潘骁骏，侯伟，蒋锦刚. 杭州城区土地利用类型对 $PM_{2.5}$ 浓度影响分析[J]. 测绘科学，2017，42(10)：110-117.

续表

变量	模型			
	SLM		SEM	
	fe	re	fe	re
lnED	−6.0900*	−0.3430	−3.9760*	−0.0550
	(−1.41)	(−0.87)	(−1.15)	(−0.11)
lnLSI	5.3810	−0.5400*	3.101	−0.873**
	(1.23)	(−1.92)	(0.89)	(−2.11)
ln$AREA\_MN$	5.7078**	3.4718	4.9208**	1.5792
	(2.34)	(1.12)	(2.15)	(0.6)
lnRD	0.1630***	0.0650	0.1810***	0.1490**
	(2.77)	(1.02)	(3.48)	(2.55)
ln$POPD$	−0.4410	0.3010**	−0.4600	0.0310
	(−1.81)	(2.17)	(−2.24)	(0.17)
ln$AGDP$	0.0860**	0.0400	0.0790**	0.1160**
	(1.14)	(0.74)	(1.07)	(2.06)
lnIND	0.3460***	0.5780***	0.4380***	0.5740***
	(2.69)	(4.59)	(4.02)	(4.88)
ln$RAIN$	−0.1540***	−0.0870*	−0.1280***	−0.0690
	(−3.77)	(−1.87)	(−3.28)	(−1.63)
ln$WIND$	−0.1000*	−0.1870*	−0.1230	−0.1980**
	(−1.02)	(−1.81)	(−1.57)	(−2.28)
LM(lag)	7.0640***			
R−LM(lag)	3.8940**			
LM(error)	1.2240			
R−LM(error)	0.0200			
chi^2(6)	20.7700		7.7300	
Prob>chi^2	0.0358		0.7374	

注：括号内数值为 t 值；***、**和*分别表示在 1%、5%和 10%的水平下显著。

依据表 5-7 中最优拟合结果可知，各建设用地景观格局指数对 PM$_{2.5}$污染具有不同的影响机制。①景观结构方面。建设用地占比对 PM$_{2.5}$污染具有正向影响作用，回归系数为 5.3914，在 5%水平下显著；符合理论预期，表明城镇建设用地景观类型的扩张会导致 PM$_{2.5}$污染加剧；由于京津冀地区城市化水平的大幅提升，导致建设用地迅速扩张，进而产生了大量的不透水面景观；而作为 PM$_{2.5}$源景观类型的不透水面景观的增加则意味着更多的建筑扬尘、密集的人类活动以及严重的交通污染，这些因素的综合结果就是 $PM_{2.5}$ 浓度的增加[①]；且有研究表明，高密度建筑区与低密度建筑区相比更不利于颗粒物的消散[②]。因此，建设用地占比指标的提升会加重 $PM_{2.5}$ 污染。②景观布局方面。斑块密度(PD)和边缘密度(ED)对于 $PM_{2.5}$ 污染都具有负向抑制作用，回归系数分别为-5.7220、-6.0900，并分别通过了5%和10%的显著性检验；该结果与前文中的理论分析一致，表明京津冀地区城镇建设用地破碎度、分割程度的加强会有效降低 $PM_{2.5}$ 的质量浓度，其中斑块边缘密度对于 $PM_{2.5}$ 污染的作用效果在各影响因素中最强；建设用地斑块密度反映的是各类景观的相互作用程度，斑块边缘密度反映的则是某类景观的边缘复杂性；因此建设用地斑块密度和斑块边缘密度的增加意味着各类土地利用类型相互作用的加强，同时意味着建设用地与周围水域、林地、草地等 $PM_{2.5}$ 汇景观之间的物质交换速率的提升，进而加速该地区 $PM_{2.5}$ 的扩散[③]；因此，建设用地斑块密度和斑块边缘密度的增加会引起 $PM_{2.5}$ 浓度的降低。平均斑块面积对于 $PM_{2.5}$ 污染具有正向促进作用，回归系数为5.7078，通过了5%的显著性检验；符合理论预期，表明京津冀地区建设用地斑块面积整体性的提升对于 $PM_{2.5}$ 污染具有促进作用；平均斑块面积的大小可以反映出京津冀地区城市规模及组团状况，平均斑块面积越大，京津冀地区各建设用地斑块的规模越大及组团效应也就越强，而较大的城市规模意味着 $PM_{2.5}$ 排放源数量增多且较为集中，从而会产生 $PM_{2.5}$ 排放的规模效应[④]；此外，大规模城市与外界其他类型景观的物质交换速率也会有所衰减，进一步提升 $PM_{2.5}$ 浓度。因此，平均斑块面积增加会对 $PM_{2.5}$ 浓度产生促进作用。③景观形状方面。景观形状指数回归系数为5.3810，但未通过显著性

---

① 韦晶，孙林，刘双双，等. 大气颗粒物污染对土地覆盖变化的响应[J]. 生态学报，2015，35(16)：5495-5506.

② Martins H. Urban compaction or dispersion? An air quality modelling study[J]. Atmospheric Environment，2012(54)：60-72.

③ 崔岩岩. 城市土地利用变化对空气环境质量影响研究[D]. 济南：山东建筑大学，2013.

④ 于静，尚二萍. 城市快速发展下主要用地类型的 $PM_{2.5}$ 浓度空间对应——以沈阳为例[J]. 城市发展研究，2013，20(9)：128-130，144.

检验。造成这一规律的原因可能是：建设用地景观形状指数的上升是城市建设用地斑块形状、组合更加复杂的结果，而引起建设用地形状指数复杂化的主要原因是人类活动的增强与干预，因此建设用地景观形状的复杂化会带来 PM$_{2.5}$ 排放的增加，但在城市建设用地景观形状复杂化的同时，耕地、水体、林地等其他作为 PM$_{2.5}$ "汇景观"的土地利用类型与建设用地的空间组合也会更加密切，对 PM$_{2.5}$ 产生一定程度的抑制作用，两者相互影响，相互抵消，最终发展成为不显著状态[1]。④社会经济因素方面。对 PM$_{2.5}$ 污染具有正向影响的分别有道路密度、人均 GDP、第二产业产值占比，回归系数分别为 0.1630、0.0860、0.3460，人均 GDP 在 5% 的水平下显著，道路密度和第二产业产值占比在 1% 的水平下显著。这一结果表明第二产业产值占比在社会经济因素指标中对于 PM$_{2.5}$ 污染的正向影响最为显著，其主要原因是第二产业多为化工业、制造业等产生废气排放较多的产业，第二产业产值占比的增加必定会带来 PM$_{2.5}$ 污染的增加，且影响较显著[2]；人均收入的增长是以第一、第二、第三产业产值增加为基础的，因此人均 GDP 的提高对于 PM$_{2.5}$ 污染同样具有促进作用，但随着产业结构的不断优化调整，第三产业占比的不断增加，人均 GDP 对于 PM$_{2.5}$ 污染的正向影响系数变小[3]；道路密度的增加意味着车辆的增多，而目前我国的车辆仍以燃油车为主，燃油车运行时产生的尾气排放势必造成 PM$_{2.5}$ 污染的加重[4]。人口密度的回归系数为 -0.4410，表明人口密度增加 PM$_{2.5}$ 污染会降低，但该指标未通过显著性检验。造成这一结果的原因可能是随着人口密度的不断增加，地区土地利用效率不断提高，公共基础设施不断完善，科技水平提高，同时市政部门对于环境治理也更为积极有效，这一系列举措会降低生活排放、汽车尾气、工业气体的排放以及建设用地的无序

① 娄彩荣，刘红玉，李玉玲，李玉凤. 大气颗粒物 PM$_{2.5}$、PM$_{10}$ 对地表景观结构的响应研究进展[J]. 生态学报，2016，36(21)：6719-6729.
② 王理伶. 我国主要城市 PM$_{2.5}$ 的社会经济影响因素实证研究[D]. 福州：福建师范大学，2018.
③ 李龚. 基于 PM$_{2.5}$ 指标的中国环境库兹涅茨曲线估计[J]. 统计与决策，2016(23)：21-25.
④ 于静，尚二萍. 城市快速发展下主要用地类型的 PM$_{2.5}$ 浓度空间对应——以沈阳为例[J]. 城市发展研究，2013，20(9)：128-130，144.

扩张，进而会带来一定程度的 $PM_{2.5}$ 污染下降，但其效果显著性还较差，不能明显改善地区 $PM_{2.5}$ 污染状况[1]。⑤自然因素方面。年均降雨量对于 $PM_{2.5}$ 污染具有负向作用，回归系数为-0.1540，通过了 1% 的显著性检验，表明降水对于 $PM_{2.5}$ 具有抑制作用。其具体原理是雨滴在降落过程中产生的惯性和布朗扩散作用可以捕获空气中的气溶胶粒子，使之从大气中清除，进而降低 $PM_{2.5}$ 浓度[2]；年均风速对 $PM_{2.5}$ 污染同样具有负向影响，回归系数为-0.1000，在 10% 的水平下显著，表明随风速的增加 $PM_{2.5}$ 污染会下降。风速对于 $PM_{2.5}$ 浓度的影响机理主要是大风天气会引起空气的频繁流动，其带来的过境清洁空气会对本地区空气中的 $PM_{2.5}$ 产生稀释扩散和水平输出作用，进而引起当地空气中 $PM_{2.5}$ 浓度的下降[3]。

5.3.3 珠江三角洲地区的实证研究

依据上述方法，以珠江三角洲地区为研究对象，定量分析以建设用地景观格局为视角的雾霾污染形成机制。

5.3.3.1 空间自相关检验

本书利用 Moran's I 统计量对珠三角地区 9 个地市的 4 期 $PM_{2.5}$ 污染进行空间自相关检验。若通过空间自相关性检验，则采用空间计量模型对珠三角地区 $PM_{2.5}$ 污染与城镇建设用地景观格局及相关控制变量进行回归分析；若无法通过空间自相关性检验，则利用 OLS 方法进行建模分析。根据表 5-8 空间自相关检验结果可知：珠三角地区 9 个地市的 $PM_{2.5}$ 污染之间存在显著的空间自相关性。4 期的 Moran's I 值分别为 0.496、0.411、0.333、0.483，并且都通过了 5% 的显著性检验，表明珠三角地区 $PM_{2.5}$ 污染存在显著的空间正相关性。因此在研究珠三角地区 $PM_{2.5}$ 污染与城镇建

---

① 王桂林. 快速城市化背景下中国 $PM_{2.5}$ 污染时空演变过程及其与城市扩张和城市特征变化的时空关系研究[D]. 昆明：云南师范大学，2017.

② 汤天然，陈建楠，李广前，等. 降雨对 $PM_{2.5}$ 浓度的影响及人工降雨降低 $PM_{2.5}$ 浓度的探讨[J]. 贵州气象，2013(4)：37-39.

③ 周伟东，梁萍. 风的气候变化对上海地区秋季空气质量的可能影响[J]. 资源科学，2013，35(5)：1044-1050.

设用地景观格局之间的相关关系时应将空间自相关性考虑在内。

表 5-8　2000—2016 年部分年份珠三角地区 PM$_{2.5}$ 污染空间自相关性检验

年份	Moran's I		
	统计值	Z	P 值
2000	0.496	2.701	0.007
2005	0.411	2.220	0.026
2010	0.333	1.989	0.047
2016	0.483	2.511	0.012

5.3.3.2　空间面板计量结果分析

基于上述空间自相关性检验结果，本书采用空间计量的两种经典模型——空间滞后模型和空间误差模型对珠三角地区 PM$_{2.5}$ 污染与城镇建设用地景观格局以及相关控制变量之间的相关关系进行分析，并根据 LM 检验结果以及 Hausman 检验结果来选择使用 SLM/SEM 模型、固定效应模型/随机效应模型。根据 LM 检验结果可以发现 LM(lag)统计量大于 LM(error)且更为显著，依据 LM 检验原理判定本书中使用 SLM 模型更优。Hausman 检验结果则在 1% 的显著性水平下拒绝了随机效应的原假设，即固定效应在本书中更为合适。因此，本书将 SLM 模型的固定效应模型回归结果作为最优拟合结果进行分析、讨论，具体拟合结果见表 5-9。

表 5-9　建设用地景观格局对 PM$_{2.5}$ 污染空间分析结果

指标类型	指标名称	模型			
		SLM		SEM	
		fe	re	fe	re
景观规模	CA	0.298 * (−1.86)	0.088 ** (−2.46)	0.383 ** (−2.51)	0.090 ** (−2.45)
景观组成	PLAND	3.229 ** (−2.25)	0.053 (−0.19)	−5.116 *** (−3.25)	0.028 (−0.11)
	PD	−40.672 ** (−2.03)	−5.169 * (−1.85)	−67.216 *** (−2.92)	−5.327 ** (−2.08)

指标类型	指标名称	模型			
		SLM		SEM	
		fe	re	fe	re
景观布局	*LPI*	0.037 (−1.2)	−0.006 (−0.17)	0.043 −1.44	−0.008 (−0.25)
	MNN	−2.278** (−2.37)	0.208 (−0.84)	−3.645*** (−3.38)	0.181 (−0.73)
社会经济 因素	*RD*	0.358** (−2.56)	0.302** (−2.05)	0.245 (−1.59)	0.332** (−2.26)
	POPD	−0.555 (−1.59)	−0.255** (−2.08)	−0.33 (−0.84)	−0.241** (−2.04)
	AGDP	0.183** (−1.97)	−0.002 (−0.07)	0.144 (−1.5)	0.006 (−0.17)
	IND	4.725*** (−2.8)	3.633*** (−2.62)	2.365 (−1.28)	4.077*** (−2.93)
自然因素	*RAIN*	0.619** (−2.05)	0.034 (−0.12)	1.001*** (−3.27)	−0.029 (−0.10)
	WIND	−1.080*** (−3.95)	−0.788*** (−3.36)	−0.884*** (−3.32)	−0.820*** (−3.55)
LM 检验	LM(lag)	3.168*			
	R−LM(lag)	2.995*			
	LM(error)	2.293			
	R−LM(error)	2.121			
Hausman 检验	chi²(6)	114.39		83	
	Prob>chi²	0		0	

注：括号内数值为 t 值；***、**和*分别表示在 1%、5%和 10%的水平下显著。

依据表 5-9 中最优拟合结果可知，各建设用地景观格局指数对 PM$_{2.5}$ 污染具有不同的影响机制。①景观规模方面。建设用地面积对 PM$_{2.5}$ 污染具有正向影响作用，回归系数为 0.298，在 10%水平下显著；符合理论预期，表明城镇建设用地面积的增加会加剧该地区的 PM$_{2.5}$ 污染。②景观组成方面。建设用地斑块面积占比对于 PM$_{2.5}$ 污染同样具有正向促进作用，回归系数为 3.229，并通过了 5%的显著性检验；该结果与前文中的理论分析结果一致，表明城镇建设用地景观类型的扩张会导致 PM$_{2.5}$ 污染的加重。
③景观布局方面。最大斑块形状指数回归系数为 0.037，但未通过显著性
检验，这表明建设用地最大斑块形状指数的增强对于 PM$_{2.5}$ 污染虽有促进
作用，但是目前处于较弱状态，还未能充分展现。造成这一规律的原因可
能是：建设用地最大斑块形状指数的上升是城市整体性增强的结果，而城
市整体性的增强会带来 PM$_{2.5}$ 排放的规模效应，但由于珠三角地区经济发
展水平较高，尤其是在整体性水平较高的大规模城市，随着其产业结构的
不断优化升级以及科学技术的发展，第三产业占比、清洁能源技术、废气
处理技术等处于较高水平，大型城市 PM$_{2.5}$ 排放的规模效应减弱，建设用
地最大斑块指数对 PM$_{2.5}$ 污染的促进作用也逐渐降低，最终发展成为不显
著状态；斑块密度和平均最近距离则对 PM$_{2.5}$ 污染具有负向抑制作用，这
也符合理论预期。其中斑块密度对于 PM$_{2.5}$ 污染的抑制作用最为明显，回
归系数为 -40.672，且在 5% 水平下显著，表明随着珠三角地区建设用地破
碎度的增加，PM$_{2.5}$ 污染有显著下降趋势；平均最近距离的回归系数为 -2.278，在 5% 水平下显著，该结果表明随着平均最近距离的增加，PM$_{2.5}$ 污
染减轻。平均最近距离的增加意味着建设用地各斑块之间的集聚程度下
降，PM$_{2.5}$ 排放源呈离散型分布，规模效应下降，进而带来 PM$_{2.5}$ 污染程度
的下降。④社会经济因素方面。对 PM$_{2.5}$ 污染具有正向影响的分别有道路
密度、人均 GDP、第二产业占比，回归系数分别为 0.358、0.183、4.725，
道路密度和人均 GDP 在 5% 水平下显著，第二产业占比在 1% 水平下显著。
这一结果表明第二产业占比在社会经济因素指标中对于 PM$_{2.5}$ 污染的正向
影响最为显著，其主要原因是第二产业多为化工业、制造业等废气排放较
多的产业，第二产业占比的增加必定会带来 PM$_{2.5}$ 污染的加重，且影响较
显著；人均收入的增长是以第一、第二、第三产业产值增加为基础的，因
此人均 GDP 的提高对于 PM$_{2.5}$ 污染同样具有促进作用，但随着产业结构的
不断优化调整，第三产业占比不断增加，人均 GDP 对于 PM$_{2.5}$ 污染的正向
影响系数变小；道路密度的增加意味着车辆的增多，而目前中国的车辆仍
以燃油车为主，燃油车运行时产生的尾气势必造成 PM$_{2.5}$ 污染的加重。人
口密度的回归系数为 -0.555，表明人口密度增加会使 PM$_{2.5}$ 污染减轻，但
该指标未通过显著性检验。造成这一结果的原因可能是随着人口密度的不

断增加，地区土地利用效率不断提高，公共交通发达，同时市政部门对于环境治理也更为积极有效，这一系列举措会降低汽车尾气、工业气体的排放以及建设用地的无序扩张，进而会带来一定程度的 $PM_{2.5}$ 污染减轻，但其效果显著性还较差，不能明显改善地区 $PM_{2.5}$ 污染状况。⑤自然因素方面。年均降雨量对于 $PM_{2.5}$ 污染具有正向作用，回归系数为 0.619，通过了 5% 的显著性水平检验，其主要原因是降雨量的增加会造成空气中相对湿度的增加，而 $PM_{2.5}$ 粒子直径较小，主要靠吸湿聚集长大，加重污染，同时还会增加颗粒物的电性，更有利于颗粒物聚集，使得 $PM_{2.5}$ 污染加重[1]；风速则对 $PM_{2.5}$ 污染具有显著的负向影响，回归系数为 -1.080，在 1% 水平下显著，表明随风速的增加 $PM_{2.5}$ 污染会减轻，这主要是由于风能起到很好的扩散和净化作用，珠三角地区处于沿海地带，尤其夏季时，风从东南海洋方向吹来，其带来的洁净空气会起到稀释和净化作用，进而降低 $PM_{2.5}$ 污染[2]。

5.3.4 典型案例计量结果比较

对比京津冀地区和珠三角地区的结果可知，城市建设用地景观指数各方面的影响程度是有差异的，但也具有一些共性。城镇建设用地整体性、集聚度、破碎度代表着排放源分布的状况，整体性、集聚度越高对 $PM_{2.5}$ 污染的提升作用也就越强，破碎度变大则会对 $PM_{2.5}$ 污染起到抑制作用。

5.4 建设用地景观格局对 $PM_{2.5}$ 污染影响的时空异质性分析

5.4.1 时空异质性测度方法

地理加权回归模型是空间异质性研究领域较为常用的一种方法，但该

---

① 杨伟，姜晓丽. 华北地区大气细颗粒物 $PM_{2.5}$ 年际变化及其对土地利用/覆被变化的响应[J]. 环境科学，2020(7)：1-13.

② 苏维，赖新云，赖胜男，等. 南昌市城市空气 $PM_{2.5}$ 和 PM_{10} 时空变异特征及其与景观格局的关系[J]. 环境科学学报，2017，37(7)：2431-2439.

模型也存在一定的局限性。如地理加权模型所使用的数据类型为截面数据，而截面数据只能针对某一时间节点的样本进行分析。这样一来，运用该模型得出的结果仅考虑了样本数据的空间效应，却忽略了时间效应。同时，由于截面数据样本容量有限，当样本数据中解释变量过多时，有可能会产生空间溢出效应，而解决空间溢出效应的有效办法就是将空间滞后项纳入模型中，但截面数据是无法满足这一要求的。因此，面对大容量样本数据，地理加权回归模型可能会引起参数设置过度、模拟结果存在偏误等问题。为了摆脱以上问题的困扰，Huang 等基于地理加权回归模型，将时间效应引入该模型中，构建了时空地理加权回归模型（GTWR）。该模型综合考虑了时间效应和空间效应，能够对面板数据进行模拟分析，满足了对大容量样本数据分析的要求，并大大提高了回归结果的准确性和真实性。

5.4.1.1　时空地理加权模型

时空地理加权回归模型的数学表达式如下：

$$y_i = \beta_0 \theta_i + \sum_k \beta_k \theta_i x_{ik} + \varepsilon_i \tag{5-14}$$

式（5-14）中，i 为第 i 个地区；y 为被解释变量，指京津冀地区某一地市某一年份的年均 PM$_{2.5}$ 浓度值；x 为解释变量，具体指京津冀地区建设用地景观指数和相关控制变量；$\beta_k \theta_i$ 指第 k 个解释变量在第 i 个地区的某一时间节点的回归系数；$\beta_0 \theta_i$ 为第 i 个地区在某一时间阶段的时空截距；ε_i 为残差项。在该模型中，解释变量回归系数 $\beta_k \theta_i$ 通常利用 OLS 方法进行估计，具体模型如下：

$$\widehat{\beta}\theta_i = (X^T W \theta_i X)^{-1} X^T W \theta_i y \tag{5-15}$$

其中，$W\theta_i = \mathrm{diag}(\alpha_{i1}, \alpha_{i2}, \cdots, \alpha_{in})$

式（5-15）中，$W\theta_i$ 为 i 地区在某一时间阶段的时空权重矩阵，α_{ij} 为对角线元素，表示 i 地区的时空权重函数在 j 地区的权重；高斯函数和 Bi-square 函数是较为常用的时空权重函数构建方法，相比 Bi-square 函数，高斯函数在地理加权回归模型中的应用更加广泛。因此，本研究利用高斯函数来建立时空权重函数，具体如下式：

$$\alpha_{ij} = \exp[-(d_{ij}^{ST})^2 / h^2] \tag{5-16}$$

式(5-16)中，d_{ij}^{ST}表示地区i与地区j之间的时空距离；h为带宽；d_{ij}^{ST}是i地区与j地区的空间距离及时间距离的集合函数，其具体算法如下：

$$(d_{ij}^{ST})^2 = \lambda(d_{ij}^S)^2 + \mu(d_{ij}^T)^2 = \lambda[(lat_i - lat_j)^2 + (long_i + long_j)^2] + \mu(t_i - t_j)^2$$

$$(5-17)$$

式(5-17)中，λ和μ分别为空间距离和时间距离的平衡修正参数；$(lat_i，long_i)$和$(lat_j，long_j)$分别表示i地区和j地区的经纬度，用于确定地区的空间位置；t则表示i地区和j地区在某一时间节点上的值。结合如上步骤和高斯函数，权重α_{ij}的细化计算公式如下：

$$\alpha_{ij} = \exp\left\{-\left(\frac{\lambda[(lag_i - lag_j)^2 + (long_i - long_j)^2] + \mu(t_i - t_j)^2}{h_{ST}^2}\right)\right\}$$

$$= \exp\left\{-\left(\frac{[(lag_i - lag_j)^2 + (long_i - long_j)^2]}{h_S^2} + \frac{(t_i - t_j)^2}{h_T^2}\right)\right\}$$

$$= \exp\left\{-\left(\frac{(d_{ij}^S)^2}{h_S^2} + \frac{(d_{ij}^T)^2}{h_T^2}\right)\right\}$$

$$= \exp\left[-\frac{(d_{ij}^S)^2}{h_S^2}\right] \times \exp\left[-\frac{(d_{ij}^T)^2}{h_T^2}\right]$$

$$= \alpha_{ij}^S \times \alpha_{ij}^T$$

$$(5-18)$$

其中，$h_{ST} = \sqrt{\dfrac{\lambda(h_S)^2 + \mu(h_T)^2}{2}}$。

式(5-18)中，h_{ST}指时空带宽，是空间带宽h_S和时间带宽h_T的集合函数；带宽则通常选用交叉确认方法进行确定，具体计算方法如下：

$$CVRSS(h) = \sum_i [y_i - \hat{y}_{\neq 1}(h)]^2 \qquad (5-19)$$

式(5-19)中，y_i是被解释变量y在地区i的观测值；$\hat{y}$是拟合值。当CV值达到最小值时所对应的b值即为最优带宽。

5.4.1.2 多重共线性检验

在计量学领域，解释变量之间的内生性是一个困扰人们已久的问题。内生性的存在会引起参数设置不合理、变量之间的高度共线性。因此，为了克服内生性问题引起的多重共线性、参数设置偏差、预测失效以及无法通过显著性检验等一系列问题,我们在进行时空地理加权回归分析之前,需要对观测数据进行多重共线性检验。目前较为常用的方法有方差膨胀因子法和容差法。

方差膨胀因子法相关系数矩阵的逆矩阵 M 为:

$$M = (X'X)^{-1} \qquad (5-20)$$

变量 x_i 的方差膨胀因子 v_i 为:

$$v_i = m_i = \frac{1}{1-(R_i)^2} \qquad (5-21)$$

变量 x_i 的容忍度 Tol_i 为:

$$Tol_i = 1 - R_i^2 \qquad (5-22)$$

式(5-21)、式(5-22)中,m_i 为矩阵 M 的主对角元素;R_i^2 表示解释变量 x_i 与其他解释变量的线性相关程度,R_i^2 的值越趋近 0,则解释变量 x_i 与其他解释变量的线性相关程度越弱,x_i 的方差膨胀因子和容忍度也就越接近于 1;同理,当 R_i^2 的值越趋近 1,解释变量 x_i 与其他解释变量的线性相关程度越强,x_i 的方差膨胀因子也就越大,而容忍度则会越小。

根据方差膨胀因子和容忍度的原理可知,方差膨胀因子的值越小,容忍度越大,各解释变量之间的共线性也就越弱;反之,方差因子的值越大,容忍度越小,各解释变量之间的多重共线性越强。一般认为当 VIF 值在 1~10 时,各解释变量之间不存在共线性,可直接进入后续的回归分析;当 VIF 值在 10~100 时,各解释变量之间具有较强的多重共线性;当 VIF 值大于 100 时,则认为各解释变量之间具有高度多重共线性。容忍度方面,一般认为当容差小于 0.1 时,各解释变量之间存在较强的多重共线性;当容差大于 0.1 时,则不存在共线性,可进入后续分析。

5.4.2 拟合结果检验

5.4.2.1 多重共线性检验结果

表 5-10 中展示了自变量的检验结果。检验结果表明 *LSI* 的 VIF 值大于

10，即可能存在多重共线性，为了计算结果的准确性，本书后续研究中将 *LSI* 剔除。其余 4 个景观指数的 VIF 值均小于 10，容差均大于 0.1，说明这些景观指数通过了多重共线性检验，可进行下一步研究。

表 5-10　多重共线性检验

影响因素	容差	VIF
PLAND	0.465	2.149
PD	0.209	4.791
ED	0.146	6.829
LSI	0.964	10.381
AREA_MN	0.944	1.059

5.4.2.2　拟合效果检验结果

此外，本书基于以上所选因变量和自变量，分别从时空、空间、时间、全局四个角度构建时空地理加权回归（GTWR）模型、地理加权回归（GWR）模型、时间加权回归（TWR）模型和普通线性回归（OLS）模型。通过比较四种回归模型估计结果，验证所选 GTWR 模型的合理性。京津冀地区 $PM_{2.5}$ 污染影响因素的 GTWR 模型、GWR 模型、TWR 模型和 OLS 模型估计结果如表 5-11 所示。其中，OLS 模型 R^2 为 0.764，调整后 R^2 为 0.757，拟合优度在四种模型中最低。其原因是，OLS 回归只能展示全局上的相互关系，不适用于面板数据的分析。TWR 模型的 R^2 达到 0.959，GWR 模型的 R^2 达到 0.964，表明考虑了时间非平稳性的 TWR 模型和考虑了空间非平稳性的 GWR 模型拟合效果均优于 OLS 模型。而综合考虑了时间非平稳性和空间非平稳性的 GTWR 模型 R^2 为 0.987，调整后 R^2 为 0.983，该模型拟合效果明显优于 GWR 模型、TWR 模型和 OLS 模型。同时，GTWR 模型的 AICc 值最小，为 −124.092，也进一步说明考虑了时空非平稳性的 GTWR 模型最优。因此，本书选用最优的 GTWR 模型分析各因素对 $PM_{2.5}$ 污染影响的时空异质性。

表 5-11　各模型拟合效果比较

模型参数	OLS	TWR	GWR	GTWR
AICc	95.441	−16.990	−111.587	−124.092
R^2	0.764	0.959	0.964	0.987
Adjusted R^2	0.757	0.947	0.954	0.983

5.4.3　计量结果分析

5.4.3.1　建设用地景观格局对 PM$_{2.5}$ 污染的时空异质性结果分析

1. 各建设用地景观指数拟合系数的时间演化

对京津冀各地市不同时间节点建设用地景观指数驱动因素参数进行拟合估计，得到各景观指数在不同时空位置上的 PM$_{2.5}$ 污染的贡献系数。为了观测 GTWR 拟合参数在时间上的演变趋势，绘制各建设用地景观指数随时间变化的箱状图(见图 5-3)。

各建设用地景观指数在不同时间节点对 PM$_{2.5}$ 污染的贡献度不同：

(1)建设用地斑块面积占比对 PM$_{2.5}$ 污染的贡献度最大，且大多数城市建设用地占比对 PM$_{2.5}$ 污染贡献系数为正，这与前文中的空间计量结果相吻合，即建设用地占比的增加会带来 PM$_{2.5}$ 污染状况的加剧。其原因是作为 PM$_{2.5}$ 源景观主要用地类型的建设用地的增加会带来更多的建筑扬尘、生活排放以及工业废气，这些因素会导致 PM$_{2.5}$ 浓度的增加。京津冀各地市建设用地占比对 PM$_{2.5}$ 污染的拟合系数均值在 2000—2016 年呈现"U"形演化特征，其中 2000—2005 年贡献度有所下降，2005—2010 年快速上升，2010—2016 年逐渐趋于稳定缓慢上升，且各地市贡献值离散性有明显下降，贡献度逐渐趋同。产生这一时间演变规律的原因主要与京津冀地区建设用地占比的增幅有关，2005 年京津冀地区建设用地占比的增长幅度相比 2000 年增幅较小，其对于 PM$_{2.5}$ 的促进作用相对来说也就较低；2005—2010 年，京津冀地区建设用地占比大幅上升，建设用地规模进一步增加，其对于 PM$_{2.5}$ 的贡献度也随之大幅上升；2010—2016 年京津冀地区建设用地占比增幅有所回落，但此时该地区的建设用地规模已经处于较高水平，

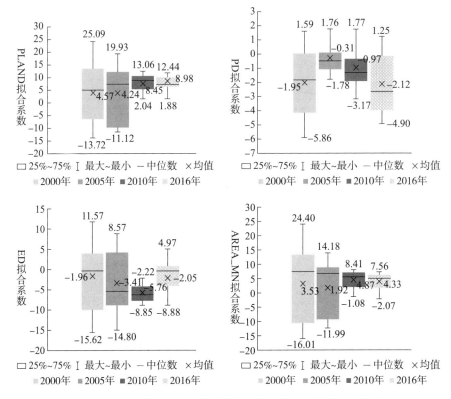

图5-3　京津冀各地市建设用地景观指数拟合系数的时间演化

因此这一阶段建设用地占比对于 $PM_{2.5}$ 仍有较强的促进作用，但与 2010 年相比其促进作用有限。

（2）京津冀各地市建设用地斑块密度对于 $PM_{2.5}$ 污染的贡献系数大多数为负。研究期内，各地市系数均值随时间先升后降。产生这一时间变化规律的原因是：随着时间的推移，京津冀地区城镇化水平不断提升，建设用地不断扩张，各建设用地斑块逐渐连接成为一个整体，建设用地斑块密度有所下降，整体性增强，进而造成建设用地斑块密度对 $PM_{2.5}$ 的抑制作用下降；但随着城镇化水平的进一步提升，城市内部的挖掘潜力达到极点，产业转移、卫星城建设等措施开始实施，建设用地斑块密度又开始上升，由于建设用地斑块的分散分布可以有效降低 $PM_{2.5}$ 排放的规模效应，因此，其对 $PM_{2.5}$ 浓度的抑制作用会有所提升。总体来讲，截至 2016 年，京津地区各地市斑块密度对于 $PM_{2.5}$ 污染的负向影响有所加强，即建设用地斑块破碎度对于 PM$_{2.5}$的抑制作用逐渐增强。此外，2000—2016 年京津冀各地区建设用地斑块密度对 PM$_{2.5}$的影响系数的离散性虽然有所下降，但下降幅度较小，各地市空间差异仍然较为严重。

（3）斑块边缘密度对于 PM$_{2.5}$污染的影响系数同样多为负数，在时间上表现为先下降后上升的"U"形演变规律，与 2000 年相比，2016 年京津冀各地市建设用地斑块边缘密度对 PM$_{2.5}$污染的负向影响有微弱提升，且各地市贡献系数分散性下降，即京津冀各地市建设用地斑块边缘密度对 PM$_{2.5}$污染的影响系数趋同化现象加强。由于建设用地斑块边缘密度的增加可以优先提高建设用地同周边水域、林地、草地等 PM$_{2.5}$汇景观之间的物质交换速率，因此，斑块边缘密度的增加可以加速区域 PM$_{2.5}$的扩散，对 PM$_{2.5}$污染具有抑制作用。早期，京津冀地区建设用地二维扩张现象严重，城镇建设用地斑块边缘密度随之显著提升，其对于 PM$_{2.5}$的抑制作用也不断增强；随着京津冀地区建设用地利用率的不断提升，城市发展模式转为三维发展，建设用地二维扩张速率下降，建设用地斑块边缘密度同步下降，其对于 PM$_{2.5}$的抑制作用也随之降低，故而出现如上时间变化规律。

（4）平均斑块面积对 PM$_{2.5}$污染的影响系数多为正，随着时间的推移表现出先下降后上升再下降的"S"形时间演化特征，与研究期初相比，研究期末各地市建设用地平均斑块面积对 PM$_{2.5}$污染的贡献系数有所提升，但提升强度不大，各地市贡献度离散性持续下降，趋同化程度加强。建设用地平均斑块面积的大小可以反映出建设用地斑块的整体性特征，整体性越强，PM$_{2.5}$排放的规模效应也就越强；因此建设用地平均斑块面积的增加对 PM$_{2.5}$污染具有促进作用。京津冀地区建设用地平均斑块面积对 PM$_{2.5}$污染的影响出现如上时间变化是由于在研究早期阶段，该地区城市的发展模式主要围绕二维扩张的方式展开，随着城市发展思路的不断调整和成熟，立体式发展成为主流；这一阶段，建设用地平均斑块面积对于 PM$_{2.5}$污染的促进作用则形成了由高到低的变化规律；当城市规模达到一定程度时，建设用地的利用效率难以继续提升；城市发展模式则又开始了一个新的循环，由三维发展转为二维发展，再由二维发展转为三维发展。因此，建设用地斑块面积对 PM$_{2.5}$污染的影响强度在时间上表现出了先下降后上升再下降的"S"形演化特征。

2. 各驱动因子拟合系数的空间分布

2000—2016 年，京津冀地区建设用地占比、建设用地斑块密度、建设用地斑块边缘密度、建设用地平均斑块面积在不同时期和不同城市对 $PM_{2.5}$ 污染的影响和作用效果存在差异。为更直观地描述不同因素对京津冀各地市 $PM_{2.5}$ 污染的时空差异，揭示京津冀地区 $PM_{2.5}$ 污染的驱动机制，本节结合空间可视化探索各影响因素回归系数的时空异质性。

（1）建设用地景观格局指数 PLAND 对 $PM_{2.5}$ 污染影响的时空异质性

表 5-12 展示了 2000 年、2005 年、2010 年、2016 年京津冀各地市建设用地斑块面积占比回归系数。结果显示，建设用地占比回归系数绝大多数为正值，即建设用地占比与 $PM_{2.5}$ 污染为正相关关系，说明建设用地扩张会带来 $PM_{2.5}$ 污染的加剧。从 2000 年的建设用地占比回归系数来看，唐山、天津两地的 $PM_{2.5}$ 污染受建设用地占比正向影响较强，回归系数在 21~25.09；张家口、廊坊、沧州的 $PM_{2.5}$ 污染受建设用地占比正向影响最小，回归系数在 0~10；北京、承德、秦皇岛的回归系数在 10~20，处于中等水平正向影响。2005 年，处于中等水平正向影响的城市有北京、天津、唐山、秦皇岛、承德、张家口；处于弱正向影响的城市有廊坊、沧州；没有城市处于强正向影响。到了 2010 年，京津冀地区所有城市的建设用地占比均对 $PM_{2.5}$ 污染呈正向影响，其中张家口、北京、天津、唐山、秦皇岛、保定处于中等水平正向影响；承德、廊坊、沧州、石家庄、衡水、邢台、邯郸处于较弱水平正向影响。2016 年邯郸为较强水平正向影响，保定、秦皇岛为中等水平正向影响，其余城市均为较弱水平正向影响。总体来看，2000—2016 年京津冀地区建设用地占比对 $PM_{2.5}$ 污染的影响表现出明显的时空异质性。研究期间，建设用地占比对 $PM_{2.5}$ 污染具有正向影响的城市逐渐由北部城市扩张为整个地区。造成如上景观格局的主要原因是早期京津冀地区城市化水平发展差距较大，北京、天津及周边地区的城镇化水平相对较高，建设用地在整个景观格局中属于优势景观，这些地区建设用地占比对于 $PM_{2.5}$ 污染的正向促进作用也较强；而京津冀南部地区城镇化水平较低，建设用地优势度有所欠缺，所以这些地区的建设用地占比对于 $PM_{2.5}$ 污染的贡献度相对较低。随着各地城镇化水平的不断提高，京津冀地区各地市城镇化水平差距逐渐缩

减，建设用地占比对于PM$_{2.5}$污染的贡献度也表现出趋同化特征。

表5-12 2000—2016年部分年份京津冀地区PLAND时空异质性分析结果

年份 地区	2000	2005	2010	2016
秦皇岛	17.0359	13.5961	11.5715	12.444
石家庄	-5.5420	-9.4693	6.8037	7.0990
唐山	25.0858	19.9325	12.5392	8.0850
邯郸	-6.8863	-4.6144	5.3438	20.1970
邢台	-5.3937	-11.1227	6.1643	6.9910
保定	-11.0276	-10.2463	10.3086	11.9140
张家口	2.7640	12.1983	13.0604	6.8100
承德	11.2075	10.6965	6.5244	8.7190
沧州	5.5565	6.6601	4.5386	9.6280
廊坊	8.3847	8.2782	9.4624	8.5350
衡水	-13.7235	-9.3399	2.0381	1.8810
北京	10.8121	10.1807	10.9313	6.4500
天津	21.1047	18.4300	10.5471	7.9620

(2)建设用地景观格局指数PD对PM$_{2.5}$污染影响的时空异质性

表5-13展示了2000年、2005年、2010年、2016年京津冀各城市建设用地斑块密度影响因素回归系数。结果显示，建设用地斑块密度对京津冀各地市PM$_{2.5}$污染的影响系数有正值和负值，但以负值为主，说明京津冀地区建设用地斑块密度与PM$_{2.5}$污染总体为负相关关系，即建设用地斑块密度的提升对PM$_{2.5}$污染的减轻具有积极作用。从2000年建设用地斑块密度回归系数来看，京津冀地区各地市受建设用地斑块密度较强负向影响的城市有张家口、廊坊、沧州，回归系数在-5.86~-4；北京、承德、秦皇岛、石家庄等地PM$_{2.5}$污染受建设用地斑块密度的负向影响则较小，处于-1.90~0；而保定、天津、唐山的PM$_{2.5}$污染受建设用地斑块密度的负向影响则属于中等水平，处于-3.99~-2。2005年，除石家庄、衡水、邯郸3地为正向影响外，其余各地市PM$_{2.5}$污染均受建设用地斑块密度的较弱负向影响，处于-1.80~0。2010年，张家口市建设用地斑块密度对PM$_{2.5}$污

染的影响为中等水平负向影响；石家庄、衡水、沧州3地则为正向影响，其余各地市均为较弱水平的负向影响。2016年，京津冀地区建设用地斑块密度对$PM_{2.5}$污染具有较强负相关的城市有保定、沧州；处于较弱水平负向影响的城市有承德、秦皇岛、石家庄、邯郸；正向影响的城市为邢台、衡水。整体来看，京津冀地区建设用地斑块密度对$PM_{2.5}$的负向影响程度呈现出北部地区大于南部地区的空间差异性。出现这一空间差异性的原因是京津冀北部地区涵盖了北京、天津等具有较高城市化水平和较大城市规模的城市，而$PM_{2.5}$对于大规模城市的建设用地斑块空间组合状况具有更敏感的响应机制，再加上这些大型城市的辐射带动作用，使京津冀北部城市的建设用地斑块密度对于$PM_{2.5}$污染的负向影响程度要强于南部城市。

表5-13 2000—2016年部分年份京津冀地区PD时空异质性分析结果

年份\地区	2000	2005	2010	2016
秦皇岛	−0.0981	−1.0268	−0.7379	−0.1437
石家庄	−0.4360	1.7560	1.2015	−0.1082
唐山	−2.2721	−0.4045	−0.7337	−2.9106
邯郸	0.2175	0.2387	−1.2870	−1.4537
邢台	1.5887	−0.0608	−0.7995	1.2464
保定	−3.5913	−0.9262	−1.9668	−4.8997
张家口	−5.8577	−1.5360	−3.1670	−2.6346
承德	−0.3789	−0.4868	−1.9380	−1.3004
沧州	−4.9213	−1.0911	0.0486	−4.2514
廊坊	−4.3579	−1.7784	−1.8634	−3.9775
衡水	0.5229	2.0438	1.7673	0.3912
北京	−1.8026	−0.1253	−1.7130	−3.5187
天津	−3.9715	−0.6586	−1.3877	−3.9453

（3）建设用地景观格局指数ED对$PM_{2.5}$污染影响的时空异质性

建设用地斑块边缘密度对京津冀各地市$PM_{2.5}$污染的影响系数如表5-14所示，建设用地斑块边缘密度回归系数有正值和负值，证明建设用地斑块边缘密度与$PM_{2.5}$污染在不同时间、空间有不同的相关关系，部分地市建设用地斑块边缘密度与 PM$_{2.5}$污染为正相关关系，即建设用地斑块边缘密度的增加会引起 PM$_{2.5}$污染的加剧；其余地市建设用地斑块边缘密度与 PM$_{2.5}$污染呈负相关关系，即建设用地斑块边缘密度的增加会带来 PM$_{2.5}$污染的减轻。从 2000 年的建设用地斑块边缘密度回归系数来看，呈现正相关关系的城市主要集中在京津冀南部地区，回归系数在 0～11.58；建设用地斑块边缘密度与 PM$_{2.5}$污染呈现负相关关系的地市主要分布在京津冀北部地区，回归系数在 -15.62～0；总体而言，建设用地斑块边缘密度对 PM$_{2.5}$污染的负向抑制作用大于正向促进作用。2005 年，建设用地斑块边缘密度对 PM$_{2.5}$污染在空间上呈现的规律与 2000 年大体一致，南部城市 PM$_{2.5}$污染与建设用地斑块边缘密度呈正相关关系，北部城市的 PM$_{2.5}$污染与建设用地斑块边缘密度呈负相关关系，总体上负向抑制作用明显大于正向促进作用。2010 年京津冀地区各城市建设用地斑块边缘密度对 PM$_{2.5}$污染均呈负向影响，回归系数在 -9～-2。在 2016 年，京津冀地区建设用地斑块边缘密度对 PM$_{2.5}$污染具有正向促进作用的城市有张家口、北京、廊坊、沧州、衡水，主要集中在中部地区，其余北部和南部城市则呈现负向抑制作用，总体上同样为负向抑制作用大于正向促进作用。通过 4 期数据的对比分析可以发现：建设用地斑块边缘密度对 PM$_{2.5}$具有较强负向影响的地区多分布在东北部。出现这一空间格局的原因是东北部为沿海地带，建设用地斑块边缘密度的提升可以提高建设用地与水体等 PM$_{2.5}$"汇景观"的接触面积，加快物质交换速率，进而带来 PM$_{2.5}$的快速扩散和沉降。因此，京津冀东北部地区城市的建设用地斑块边缘密度对于 PM$_{2.5}$污染具有较强的抑制作用。

表 5-14　2000—2016 年部分年份京津冀地区 ED 时空异质性分析结果

年份 地区	2000	2005	2010	2016
秦皇岛	-12.8919	-9.0762	-7.8070	-8.8775
石家庄	2.8777	3.7829	-7.8042	-0.6249
唐山	-15.6172	-14.8002	-8.8531	-3.0112
邯郸	2.9776	2.5736	-6.1585	-15.8758
邢台	-0.4508	8.5736	-6.1342	-0.9042
保定	11.5709	7.1087	-5.3209	-0.3861

年份 地区	2000	2005	2010	2016
张家口	4.4820	-7.2587	-5.5353	2.8119
承德	-8.3879	-8.1626	-3.1152	-5.1505
沧州	1.8865	-3.4419	-2.3599	0.2754
廊坊	-1.9630	-5.4604	-5.5649	0.3348
衡水	8.6309	4.3838	-2.2158	4.9682
北京	-7.2862	-8.6903	-6.6556	0.7860
天津	-11.2596	-13.8386	-7.3005	-1.0092

（4）建设用地景观格局指数 AREA_MN 对 $PM_{2.5}$ 污染影响的时空异质性

2000 年、2005 年、2010 年、2016 年京津冀各地市建设用地平均斑块面积回归系数如表 5-15 所示，各城市建设用地平均斑块面积对 $PM_{2.5}$ 污染的回归系数有正值也有负值，说明京津冀地区各城市建设用地平均斑块面积呈现显著的时空差异性。2000 年建设用地平均斑块面积回归系数显示，平均斑块面积对 $PM_{2.5}$ 污染具有正向影响的城市主要集中在北部地区，回归系数在 0~25；具有负相关关系的城市主要分布在南部地区，回归系数在 -16.01~0；总体表现出正向影响大于负向影响的规律，且具有北高南低的空间格局。2005 年建设用地平均斑块面积与 $PM_{2.5}$ 污染的相关关系表现出与 2000 年相似的空间格局，并且与 2000 年相比正向影响强度有所下降，但整体上仍表现为正向影响大于负向影响；2010 年，除衡水 $PM_{2.5}$ 污染与建设用地平均斑块面积为负相关外，其余城市均为正向促进作用；2016 年，负向影响的城市有 2 个，分别是衡水和邢台，其他城市均是正向影响。整体而言，京津冀地区建设用地平均斑块面积对 $PM_{2.5}$ 污染的正向促进作用大于负向抑制作用。从空间分布特征来看，京津冀北部地区的正向影响程度较强，南部较弱。呈现这一空间分布特征的原因是京津冀北部地区城镇化水平较高，建设用地组团水平普遍较高，如北京、天津等地。而较强的城镇建设用地组团则意味着更为集中、强度更大的 $PM_{2.5}$ 排放。由于建设用地平均斑块面积反映的就是建设用地的组团、规模等状况，因此京津冀北部地区城市建设用地平均斑块面积对 $PM_{2.5}$ 的促进作用要强于南部地区的城市。

表 5-15　2000—2016 年部分年份京津冀地区 AREA_MN 时空异质性分析结果

年份地区	2000	2005	2010	2016
秦皇岛	15. 4122	9. 4158	7. 2496	7. 5574
石家庄	−8. 4013	−11. 7017	1. 5410	1. 3061
唐山	24. 4033	14. 1759	7. 9251	5. 4790
邯郸	−13. 9532	−8. 2108	3. 3257	13. 9604
邢台	−12. 3754	−11. 9931	3. 5026	−2. 0703
保定	−8. 3843	−7. 4732	5. 9008	7. 1412
张家口	2. 0652	8. 1354	8. 4052	2. 6413
承德	7. 7802	7. 1036	4. 3724	5. 3435
沧州	10. 3423	6. 0687	1. 3631	5. 2281
廊坊	11. 7184	7. 6651	6. 3560	5. 1832
衡水	−16. 0061	−10. 1938	−1. 0794	−4. 9981
北京	10. 5050	8. 0965	7. 5431	4. 0080
天津	22. 7434	13. 9051	6. 9030	5. 5031

5.4.3.2　各控制变量对 PM$_{2.5}$ 污染的时空异质性结果

1. 时间演化特征

（1）社会经济因素：通过各控制变量拟合系数随时间变化箱状图（见图 5-4）可以得知：①人均 GDP 对京津冀各地市 PM$_{2.5}$ 污染的贡献度最强，各城市人均 GDP 对 PM$_{2.5}$ 污染的影响系数均为正值，且随着时间的推移，人均 GDP 对于 PM$_{2.5}$ 污染的正向促进作用呈不断下降趋势；其主要原因是随着产业结构的不断优化升级，第三产业占比不断增加，而人均收入的增长是以第一、第二、第三产业产值的增加为基础的，因此人均 GDP 对于 PM$_{2.5}$ 污染的正向促进作用随着时间的推移不断降低。②与人均 GDP 相似，第二产业占比（IND）对京津冀地区大部分城市 PM$_{2.5}$ 污染的贡献度为正值，且影响强度较强，并随着时间的推移，各地市影响系数均值先上升后下降，最终趋于平稳，但变化幅度较小。一般来说，三次产业结构中，第二产业的污染强度明显比第一和第三产业高，这是因为第二产业中的工业生产多为高消耗强度和高消耗量的粗放型生产模式，因此第二产业占比对

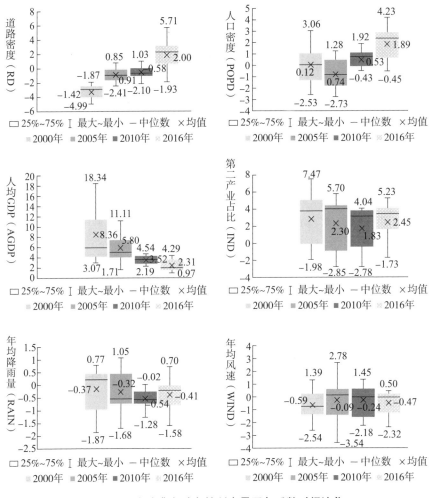

图5-4 京津冀各地各控制变量回归系数时间演化

PM_{2.5}污染的正向影响较强，但随着生产技术的进步、清洁技术的升级以及污染物排放标准的制定使得第二产业占比对PM$_{2.5}$污染的正向促进作用呈下降趋势。③从拟合系数来看，京津冀地区各城市人口密度对PM$_{2.5}$污染的贡献值大多数为正，且随着时间的推移呈现先下降后上升的趋势，产生这一规律的主要原因是京津冀地区作为我国三大经济中心之一，同时也是我国的政治中心，具有较强的人口集聚效应，随着外来人口的不断涌入，人口密度不断增加，各种生活气体排放、基建需求产生了大量的颗粒物，因此，人口密度对PM$_{2.5}$的正向促进作用有所增强。④道路密度的拟合系数时间演变规律呈现逐年增加趋势，且同样在多数城市拟合系数为正。其主要原因是随着京津冀地区经济发展水平的不断提高，作为满足经济发展和生活需求的必备条件，道路密度必然也会不断增加。同时，随着道路设施的改善和居民生活水平的不断提高，私家车的拥有量大幅增加，由此而产生的汽车尾气和建筑粉尘都会带来 PM$_{2.5}$污染的加剧。因此，道路密度对 PM$_{2.5}$污染的正向促进作用随着时间的推移不断增强。

（2）自然因素：①年均降雨量对 PM$_{2.5}$污染的影响系数在京津冀地区的绝大多数城市拟合为负值，在研究期内呈现随着时间的推移先下降后上升的趋势，但各城市拟合系数的均值始终在-0.5 左右徘徊，表明降雨量的增加对于 PM$_{2.5}$污染具有负向抑制作用。②年均风速在京津冀各地市的拟合系数同样大多为负值，但拟合系数值较小，在研究期内随着时间的推移先上升后下降再上升。即风速对京津冀各城市 PM$_{2.5}$污染具有负向抑制作用，但影响强度较低，且无明显时间变化规律。

2. 空间分布特征

为更直观地观察各控制变量的拟合系数在空间分布上的差异，借助2016 年各控制变量拟合程度的可视化图，整体分析各控制变量对 PM$_{2.5}$污染的影响程度在京津冀各地市呈现显著的空间差异（见表 5-16），其表现出一定的空间集聚特征。

表 5-16　2016 年各控制变量回归系数空间分布

强度等级	道路密度（RD）	人口密度（POPD）	人均 GDP（AGDP）	第二产业占比（IND）	年均降雨量（RAIN）	年均风速（WIND）
弱	承德、秦皇岛、唐山	石家庄、衡水、邯郸	石家庄、邢台	石家庄、衡水、邯郸	天津、沧州	廊坊、唐山、天津
较弱	天津、邢台、邯郸	承德、秦皇岛、邢台	张家口、北京、衡水	邢台	北京、保定、廊坊、唐山	张家口、承德、北京、秦皇岛
中等	保定、沧州	保定、唐山	廊坊、天津、唐山	张家口、承德、北京、天津、唐山	石家庄、衡水	邢台
较强	北京、廊坊、石家庄、衡水	北京、廊坊、天津、沧州	沧州	廊坊、沧州、秦皇岛	邢台、邯郸、秦皇岛	石家庄、沧州、衡水、邯郸
强	张家口	张家口	承德、秦皇岛、保定、邯郸	保定	张家口、承德	保定

（1）社会经济因素：①道路密度对 $PM_{2.5}$ 污染影响强度强或较强的城市有北京、张家口、廊坊、石家庄、衡水，主要集中在北京市和河北省省会石家庄市附近。其原因是这些地区的经济发展迅速，交通运输需求大，带来道路密度的不断提升以及大量汽车尾气排放，加剧了 $PM_{2.5}$ 污染。②人口密度对 $PM_{2.5}$ 污染的影响强度在京津冀地区呈现出北部高、南部低的空间格局，具有强或较强影响强度的城市有张家口、北京、天津、廊坊、沧州，由此可以看出人口密度影响较大的城市多为大型城市及其周边地区，主要是由于这些地区经济发展水平高，具有更多的工作机会和便捷的居住环境，有着较强的人口吸引力，会造成大量的人口涌入，进而产生大量的生活废气，造成 $PM_{2.5}$ 污染的加剧。③人均 GDP 对 $PM_{2.5}$ 污染具有强或较强正向促进作用的城市主要包括沧州、秦皇岛、保定、邯郸、承德，而人均收入对于北京、天津这些大型城市 $PM_{2.5}$ 污染的影响强度则处于中等或较弱的影响水平。造成这一空间格局的原因是北京、天津等经济较为发达地区的产业结构经过不断地优化调整，人均收入的增加已逐渐由第一、第二产业拉动转变为依靠第三产业拉动，而第三产业以高新技术产业和服务业为主，这些产业在生产过程中所产生的颗粒物与第二产业相比会大大减少。因此，大型城市人均收入的提升逐渐与 $PM_{2.5}$ 污染脱钩，而大型城市周边的城市作为产业转移的承接地，其经济发展与 $PM_{2.5}$ 污染的相关程度依然较强。④第二产业占比对于 $PM_{2.5}$ 污染的作用强度则呈现出北部高、南部低的空间分布规律，处于强或较强影响水平的城市有保定、廊坊、沧州、秦皇岛，其他地区则处于中等及以下影响水平。由于京津冀北部地区多为经济较发达城市，其产业发展水平也较高，尽管随着产业结构的不断优化升级，高污染、高消耗产业比重有所下降，但在京津冀地区仍占有较大比例。因此，北部地区城市的产业结构影响因子对 $PM_{2.5}$ 污染的影响程度较强。

（2）自然因素：①年均降雨量对京津冀地区各地市 $PM_{2.5}$ 污染的影响强度呈现中部地区低、南北两端地区高的空间格局，其中属于强或较强影响水平的城市有张家口、承德、秦皇岛、邢台、邯郸，造成这一空间分布规律的主要原因是以上地区多属于低山丘陵地形或近海城市，更容易形成降雨，年均降雨量较大，因此对于 $PM_{2.5}$ 污染具有较强的负向抑制作用。

②年均风速所呈现的空间格局为南部高、北部低,其中属于强或较强影响水平的城市有保定、邯郸、石家庄、衡水、沧州,造成这一现象的原因是以上城市紧邻平原地区,风速较少受地形因素影响,年均风速较大,对 $PM_{2.5}$ 的削弱作用较强。

5.5 本章小结

本章首先构建建设用地景观格局对 $PM_{2.5}$ 污染的作用机理框架;其次在典型地区建设用地景观指数的演变规律分析的基础上,选择典型案例区,结合空间自相关(Moran's I)分析方法和空间计量模型(SLM、SEM)对建设用地景观格局以及相关控制变量与 $PM_{2.5}$ 的关系展开深入剖析;最后引入时空地理加权模型(GTWR)综合考量京津冀地区建设用地景观格局对 $PM_{2.5}$ 影响的时间差异性和空间差异性。主要结论如下:

(1)典型地区城镇建设用地景观格局的时空格局。京津冀地区城镇建设用地景观格局在研究期内表现出如下特征:①建设用地景观结构方面总体呈现逐年增加趋势,并分为 3 个阶段:缓慢增加阶段(2000—2005 年)、快速增加阶段(2005—2010 年)、缓慢增加阶段(2010—2016 年);②建设用地景观布局方面总体表现出建设用地斑块破碎度、割裂度不断加强,整体性则为缓慢递增趋势;③建设用地景观形状方面总体表现出与建设用地景观结构相似的变化特征,逐年增加且分为三个阶段。虽然京津冀地区建设用地扩张态势截至研究期末有所减弱且破碎化程度有所增强,但建设用地在各类景观中的优势度以及城市规模仍在不断增加。珠三角地区城镇建设用地景观格局在研究期内表现出如下特征:建设用地在 2000—2016 年扩张态势明显,整体涨幅高达 75.37%。建设用地斑块密度、平均最近距离出现不同程度的下降,这意味着珠三角地区建设用地景观的破碎度下降、集聚度上升;建设用地占比、最大斑块形状指数呈增加趋势,表明珠三角地区建设用地景观的优势度、整体性不断加强。其主要原因是随着城市化水平的不断提高,珠三角地区建设用地需求持续增长,建设用地在面积和优势度上不断增加,建设用地的扩张将各分散地块逐渐连接成一个整体,建设用地的整体性和集聚性会不断增强,破碎度下降。

(2)典型地区城镇建设用地对雾霾污染影响的空间计量分析。①京津冀地区各建设用地景观指数对于当地$PM_{2.5}$污染具有不同的影响机制:建设用地斑块面积占比与$PM_{2.5}$污染有显著正相关关系;建设用地斑块密度对$PM_{2.5}$污染具有负向抑制作用;建设用地斑块边缘密度对$PM_{2.5}$污染同样具有负向抑制作用;建设用地平均斑块面积则对$PM_{2.5}$污染具有正向促进作用。在控制变量中,道路密度、人均GDP、第二产业占比等社会经济因素与该地区的$PM_{2.5}$污染程度为正相关关系;年均降雨量、年均风速等自然因素则与$PM_{2.5}$污染呈负相关关系。②珠三角地区建设用地景观格局指数主要从景观规模、景观结构、景观布局三个层面对$PM_{2.5}$污染产生影响:在景观规模方面,建设用地面积与$PM_{2.5}$污染呈正相关关系,城镇化水平的不断提高会造成建设用地面积的增加,而建设用地面积的不断增加会吸引人口的集聚以及产业的发展,这些变化都会产生大量的$PM_{2.5}$排放源,造成$PM_{2.5}$污染的增加;在景观组成方面,建设用地占比与$PM_{2.5}$污染同样呈正相关关系,建设用地占比的增加带来的是$PM_{2.5}$"源景观"的增加以及"汇景观"的减少,两者综合作用下必然导致$PM_{2.5}$污染的升高;在景观布局方面,斑块密度和平均最近距离与$PM_{2.5}$污染呈负相关关系,即斑块密度、平均最近距离的增加会降低$PM_{2.5}$污染;最大斑块指数虽然与$PM_{2.5}$污染之间呈正相关关系,但并不显著。另外,对京津冀地区和珠三角地区的研究结果显示,城市建设用地景观指数各方面的影响程度是有差异的,但也具有一些共性。城镇建设用地整体性、集聚度、破碎度则代表着排放源分布的状况,整体性、集聚度越高对$PM_{2.5}$污染的提升作用也就越强,破碎度越大则对$PM_{2.5}$污染的抑制作用越强。

(3)典型地区建设用地景观格局对$PM_{2.5}$污染影响的时空异质性。基于时空地理加权回归模型,对京津冀地区建设用地景观指数对当地$PM_{2.5}$污染驱动力的时空异质性进行了模拟和可视化分析。不同时间节点,京津冀地区各建设用地景观指数对$PM_{2.5}$污染的贡献度具有显著性差异:建设用地斑块面积占比的正向促进作用最强,随着时间的推移呈"U"形演变,并在空间上表现为京津冀北部地区的驱动力大于南部地区;建设用地斑块密度整体上为负向抑制作用,呈逐年增加的时间演变规律,空间上表现为北部抑制作用大于南部；建设用地斑块边缘密度在各城市的拟合系数整体为负，并随着时间的推移呈"U"形变化，空间上表现为南部地区少数拟合为正，北部为负向抑制作用，总体上负向抑制作用大于正向促进作用；建设用地平均斑块面积对 PM$_{2.5}$污染的影响整体为正向促进作用，并呈"S"形的时间演化特征，空间上京津冀北部地区的正向促进作用强于南部地区。社会经济控制变量中：京津冀地区人均 GDP 对各地市 PM$_{2.5}$污染的正向促进作用在各控制变量中最强，时间上呈逐年下降趋势，空间上中小型城市的促进作用大于大型城市；产业结构对 PM$_{2.5}$污染同样为正向促进作用，时间上为"倒 U"形变化特征，空间上呈北高南低的空间格局；人口密度与 PM$_{2.5}$整体呈正相关关系，具有先下降后上升的时间演化规律，空间上同样呈北高南低的分布特征；京津冀地区的道路密度与该地区 PM$_{2.5}$污染之间呈逐年增强的正相关关系，空间上则表现出北京、石家庄附近地区的促进作用高于其他地区。自然因素控制变量中京津冀地区的年均降雨量和年均风速对该地区的 PM$_{2.5}$污染均为负向抑制作用，其中降雨量呈现"U"形时间演变特征，风速呈现"倒 U"形时间演变特征，空间上京津冀地区降雨量对 PM$_{2.5}$的抑制作用呈中部低、南北高的分布规律，风速则呈现南高北低的空间分布规律。

第6章

主要结论、政策建议与研究展望

6.1 主要结论

本研究在厘清多尺度城市雾霾污染时空特征基础上，详细阐述了雾霾污染影响下城市技术效率的时空特征及影响因素，并从建设用地景观格局的视角探讨雾霾污染的驱动机制，最后提出雾霾污染有效治理框架与路径。主要结论如下：

（1）多尺度城市雾霾污染时空特征

①在城市层面，研究期内中国地级及以上城市 $PM_{2.5}$ 年均浓度总体呈上升趋势，其中 1998—2007 年 $PM_{2.5}$ 年均浓度快速增加，2007 年达到峰值，此后 $PM_{2.5}$ 污染整体呈现下降趋势，但在 2013 年出现了波动。$PM_{2.5}$ 污染在空间分布上有明显的地域差异，胡焕庸线以东地区污染程度明显高于其以西地区，且胡焕庸线以东的北方比南方污染更严重；空间自相关分析表明 $PM_{2.5}$ 分布具有显著的空间正相关特征，空间集聚强度随着时间的推移呈波动状态。其中，高值集聚区主要在山东、河南、河北、江苏、安徽、湖南、湖北的大部分地区以及四川东部地区；低值集聚区集中在内蒙古、黑龙江西北部、新疆、西藏以及台湾、海南、福建等南部沿海地区。热点分析显示中国地级及以上城市 $PM_{2.5}$ 的冷热点区域从西向东基本上为"冷点—次冷—次热—热点"的圈层结构，且在空间上呈现集中连片分布。从空间变化来看，1998—2001 年以次冷和热点区域增加为主，2001—2007 年冷点区和热点区都在减少，2007—2016 年四种类型转变较频繁，热点区和次热区的城市数量下降，次冷区和冷点区城市数量上升。

②在城市群层面，研究期内我国主要城市群平均 $PM_{2.5}$ 浓度也呈现先增加后减少的态势。中国城市群雾霾污染空间差异较大，京津冀城市群雾

霾污染最严重,中部地区的城市群(如中原城市群、关中平原城市群、长江中游城市群等)雾霾污染也较为严重。另外,分区域看,以胡焕庸线为分界线,我国城市群雾霾污染程度呈现东部城市群高于西部城市群、东北部城市群高于西南部城市群的特征。

③从典型地区时空特征来看,京津冀地区 $PM_{2.5}$ 浓度值在研究期内整体表现出逐年递增的趋势,2005 年以后增长速度有所减缓,在空间上总体表现为南高北低的分布格局。珠三角地区 $PM_{2.5}$ 污染研究期内呈先上升后下降趋势,但 2016 年珠三角各地区 $PM_{2.5}$ 污染均高于 2000 年时该地区的 $PM_{2.5}$ 污染。在空间上,珠三角地区 $PM_{2.5}$ 污染呈"中间高、周围低"的空间分布规律,高值区域主要集中于省会广州邻近地市,低值区域主要为东、西两翼的肇庆、惠州等地。中原城市群 $PM_{2.5}$ 浓度在时间上总体呈现增长趋势,1998—2007 年呈现快速增长趋势,并达到 $66.54\mu g/m^3$ 的峰值;2008—2012 年呈现缓慢下降的态势;2013—2016 年呈现较小波动态势。中原城市群 $PM_{2.5}$ 浓度在空间上呈现显著正相关性,空间集聚程度呈现下降—增长—下降—增长的波动变化态势。高值集聚区呈现由北向南转变的态势,低值集聚区较为稳定,具有锁定效应。冷热点分析表明,中原城市群在空间上存在低值集聚区—低值分散区——般区—热值分散区—热值集聚区的圈层结构。

(2)雾霾污染影响下的城市技术效率

①在时间演变上,2001—2016 年城市群整体绿色技术效率值基本处于中等利用水平,总体呈上升态势;在空间演变上,19 个城市群绿色技术效率在空间分布上呈现东部城市群绿色技术效率高、中西部城市群绿色技术效率低的态势,且高水平城市群范围较小,但空间连接性在逐渐增强,向内陆扩张态势明显;从城市群内部看,珠三角、长三角、海峡西岸、北部湾这些较为发达城市群的内部各城市关系属于"中心—周围"强辐射型,京津冀、中原、长江中游、关中、成渝、山西中部、山东半岛这些城市群内部各城市关系属于"中心—周围"弱辐射型,呼包鄂榆、黔中、滇中、兰西、宁夏沿黄、天山北坡这些位于西部地区的城市群内部各城市关系属于"中心—周围"共同发展型。另外,考虑雾霾污染因素的绿色技术效率要低于不考虑雾霾污染因素的技术效率,平均降幅为 19.5%,且两者变化趋势

大致是同步的。这表明雾霾因素对于技术效率的影响还是比较显著的。

②在空间自相关分析上，以城市群为分析单元看，2001—2016年中国城市绿色技术效率集聚类型空间变化明显，大致表现出东部沿海城市群及部分中部城市群高值集聚（H-H）、西部城市群低值集聚（L-L）、东北地区城市群低值异质集聚（L-H）以及西南小部分城市群高值异质集聚（H-L）变化态势；以城市为分析单元看，2001—2016年中国城市群内绿色技术效率集聚变化明显，东部沿海城市群内多为高值集聚（H-H）、西部城市群内多低值集聚（L-L）、小部分中部城市群内为低值异质集聚（L-H）以及西南、琼粤地区城市群内为高值异质集聚（H-L）。

③在城市群绿色技术效率影响因素方面，空间差异较为明显，土地市场化水平、对外开放程度两个因素对东部地区的城市群的影响程度大于中部和西部地区的城市群；改善产业结构、提升科技文化水平、提高环境水平可以提升哈长城市群、辽中南城市群绿色技术效率；可以加大环境治理投资力度，注重环境保护，提高城市群中固定资产投资金额，优化产业结构，创立新兴产业，提高人口素质，吸引更多技术型人才，以此来提升城市群绿色技术效率；在成渝城市群、宁夏沿黄城市群、兰西城市群、滇中城市群、黔中城市群，通过提高经济水平如人均GDP，可以有效提高城市群绿色技术效率。

(3)城市建设用地景观格局对$PM_{2.5}$污染的影响及其时空异质性

①典型地区城镇建设用地对雾霾污染影响的空间计量分析。京津冀地区各建设用地景观指数对于当地$PM_{2.5}$污染具有不同的影响机制：建设用地斑块面积占比与$PM_{2.5}$污染有显著正相关关系；建设用地斑块密度对$PM_{2.5}$污染具有负向抑制作用；建设用地斑块边缘密度对$PM_{2.5}$污染同样为负向抑制作用；建设用地平均斑块面积则对$PM_{2.5}$具有正向促进作用。珠江三角洲地区各建设用地景观指数对于当地$PM_{2.5}$污染具有不同的影响机制。景观规模方面：建设用地面积与$PM_{2.5}$污染呈正相关关系，城镇化水平的不断提高会造成建设用地面积的增加，而建设用地面积的不断增加会吸引人口的集聚以及产业的发展，这些变化都会产生大量的$PM_{2.5}$排放源，造成$PM_{2.5}$污染的加剧。景观组成方面：建设用地占比与$PM_{2.5}$污染同样呈正相关关系，建设用地占比的增加带来的是$PM_{2.5}$"源景观"的增加以及"汇

景观"的减少，两者综合作用下必然导致 $PM_{2.5}$ 污染的升高。景观布局方面：斑块密度和平均最近距离与 $PM_{2.5}$ 污染呈负相关关系；最大斑块指数虽然与 $PM_{2.5}$ 污染之间呈正相关关系但并不显著。另外，通过京津冀地区和珠三角地区的结果对比可知，城市建设用地景观指数各方面的影响程度是有差异的，但也具有一些共性。城镇建设用地整体性、集聚度、破碎度代表着排放源分布的状况，整体性、集聚度越高对 $PM_{2.5}$ 污染的提升作用也就越强，破碎度越大则对 $PM_{2.5}$ 污染的抑制作用越强。

②典型地区建设用地景观格局对 $PM_{2.5}$ 污染影响的时空异质性。基于时空地理加权回归模型，对京津冀地区建设用地景观指数对 $PM_{2.5}$ 污染驱动力的时空异质性进行了模拟和可视化分析。不同时间节点，京津冀地区各建设用地景观指数对 $PM_{2.5}$ 污染的贡献度具有显著差异性：建设用地斑块面积占比的正向促进作用最强，随着时间的推移呈"U"形演变，并在空间上表现为京津冀北部地区的驱动力大于南部地区；建设用地斑块密度整体上为负向抑制作用，呈逐年增加的时间演变规律，空间上表现出北部抑制作用大于南部；建设用地斑块边缘密度在各城市的拟合系数整体为负，并随着时间的推移呈"U"形变化，空间上表现为南部地区少数拟合为正，北部为负向抑制作用，总体上负向抑制作用大于正向促进作用；建设用地平均斑块面积对 $PM_{2.5}$ 污染的影响整体为正向促进作用，并呈"S"形的时间演化特征，空间上京津冀北部地区的正向促进作用强于南部地区。

6.2 政策建议

雾霾治理是一项长期而艰巨的系统工程，治理雾霾天气不能只治标不治本。结合本研究的主要结论，提出如下政策建议。

6.2.1 创新雾霾污染状况和治理效果评估体系

雾霾污染问题已经成为影响社会经济可持续发展的重要因素，加强雾霾污染管理显得非常必要。发达国家成功的雾霾污染管理经验是值得我们借鉴的，其共同点是：各国都非常重视对雾霾污染的战略定位，并非常重视对雾霾污染状况和治理效果的评估。有效的雾霾污染治理依赖于科学、公平、合理的评价手段。因此，在雾霾污染治理的实践中必须结合我国实际，并借鉴国外相关经验，首先，应对污染状况和治理效果进行科学评估，逐步建立完善的、全覆盖的雾霾污染监测监控体系，并创新雾霾污染监测体系。主要体现在两个方面：①在雾霾污染评估中剔除自然环境因素和气象条件对空气质量的影响。目前各城市对雾霾污染评估的通行做法是以直接观测的 $PM_{2.5}$ 小时浓度为基础求取平均值。相关研究表明，雾霾污染浓度受自然环境因素和气象条件影响很大，基于这一点，现有雾霾污染监测体系得到的数据掩盖了自然因素和气候条件的影响，导致其结果不能反映各城市雾霾污染治理的人为努力程度和治理效果。北京大学团队的对比研究表明，在忽略和考虑自然气象因素下观测 $PM_{2.5}$ 和 PM_{10} 浓度值的变化情况，发现一些城市的空气质量排名变化很大，可见排除自然环境因素和气象条件影响的重要性。因此，为了客观和公平地评估雾霾污染治理效果，需要剔除气象因素对空气质量数据的影响。而目前普遍采用的雾霾污染评估方法，并不能排除自然环境因素和气象条件的干扰。需要探索排除气象影响的雾霾污染评估方法，北京大学研究团队提出的统计学气象调整方法，具有较强的科学性和较高的推广价值，能够在很大程度上排除气象因素对雾霾污染观测数据的影响，使得对各城市大气治理努力程度和治理效果得到客观评估，不受"气象因素助攻"或"气象因素拖后腿"的影响，而公平的评估指标无疑能调动各级部门大气治理的积极性。②提高空气质量"良"的标准。近几年我国雾霾污染治理成效明显，但当前雾霾污染评估标准的上界仍处于相对宽松的状态，不利于进一步提升各地政府对雾霾污染治理的积极性。从横向对比来看，联合国建议标准以及其他国家的空气质量标准均严于我国现行标准。提高"良"的国家标准不仅有利于减少雾霾污染对公众身心健康的损害，还有利于提升雾霾治理强度和增强雾霾治理新动能。其次，应合理有效地利用监测数据，建立监测数据共享平台，提高管理信息化水平，将雾霾污染监测结果作为制定与调整雾霾污染治理政策的前提和基础，保证相关管理政策的可执行和有效性。最后，依据污染状况，定期对雾霾污染管理重新进行战略定位，重视雾霾污染治理，强化相关部门雾霾治理的职能，将之作为生态环境管理的重要和核心部分，并纳入城市建设和国土空间规划之中。

6.2.2 促进高质量发展转型，构建环境友好型生产方式

当前经济增长的特征是生产要素的产出率和利用率低下，科技进步对经济增长的贡献率小，资源浪费严重，污染物产量大，主要表现为粗放的经济增长方式，这也是造成雾霾污染问题的主要原因。因此在经济增长的过程中解决雾霾污染问题就成为必然，最重要的是促进高质量发展转型，建立城市经济发展与雾霾污染治理一体化政策体系。

目前，我国城市经济正面临着资源紧缺与生态环境被破坏的双重压力。在这种双重压力之下，城市经济发展的根本出路在于转变传统的发展模式，促进高质量发展转型，优化农业产业结构，提高资源利用率。第一，转变粗放的经济增长方式，通过优化产业结构和提高技术水平来实现经济增长。优化产业结构的立足点是因地制宜，统一布局，着重提高资源能源利用率；充分发挥产业园区的集聚作用，进一步提升服务业与高新技术产业的比重，推进低效率产业向高效率产业的平稳过渡，实现产业结构的高级化，在源头上对雾霾污染进行控制，从而实现经济运行质量和效益的提高。要严格控制高污染、高能耗的产业数量，加快淘汰落后产能，压缩过剩产能，明确资源能源节约和污染物排放等指标。同时优化产业空间布局，产业布局直接影响到城镇建设用地景观格局，而城镇建设用地景观格局对雾霾污染影响的研究表明，城镇建设用地景观格局对雾霾污染的影响是明显的。因此需要通过优化城镇建设用地景观格局减少雾霾污染。第二，加大科技创新投入力度以及与雾霾治理的匹配程度。应进一步加大技术创新的投入力度，同时引导企业研发与雾霾治理相适应的技术，鼓励钢铁、水泥等高能耗行业应用最新技术成果，从生产的初始端、过程和末端进行综合全面防范，实现研发投入的经济效益，减少污染排放。第三，转变和调整能源结构，主要是降低煤炭在一次能源消费中的比重，提升清洁能源比重，这些经济手段主要包括大幅提高煤炭相关税费，例如煤炭资源税、排放收费和碳税等。目前，我国煤炭资源税税率过低，无法达到抑制煤炭过度消费的目的。因此，政府应当通过税收手段（提高煤炭资源税，提高对燃煤排放的各污染物收费标准）来纠正市场定价过低的问题，从而

缓解能源生产和消费过度带来的雾霾污染问题。政府虽已经对清洁能源投资给予了一定的补贴，但力度过小。中国应当大幅提高对新能源的补贴，以支持其开发利用，力争使其外部性内生化，从而提高清洁能源在一次能源消费中的占比。由此增加的财政支出可由征收污染税、碳税和资源税等冲抵。政府应当推荐使用高质量、低能耗、高效率的生产技术，重点发展技术含量高、附加值高、符合环保要求的产品，重点发展投入成本低、去除效率高的污染治理技术。

6.2.3 构建完善的公共政策体系，综合运用多种政策工具

各国都非常重视对雾霾污染进行多方位综合管理，并取得了良好效果。这为我国雾霾污染治理提供了可资借鉴的经验，在实践中从事前预防到事中指导再到事后治理，要考虑方方面面的因素，综合应用多种管理手段。要不断完善雾霾污染治理基础体系，注重关联地区之间协同治理。由于雾霾污染复杂，来源广泛、分散，因此，有效的生态环境管理政策必须影响众多行为者，以减少相对小的、不能观察到的污染量。这就需要构建完整的政策体系，应用各种各样的政策工具，并通过"连锁"机制来激励相关行为主体减少污染排放。结合我国实际，污染治理的公共政策体系，重点包括雾霾管理中的产权制度、价格政策、税费政策、财政政策、雾霾污染管理体制、环境准入门槛制度、生态补偿机制。雾霾治理的政策工具是多样的，包括市场交易机制、补贴、教育、激励和行为标准等。经验研究表明，不能简单地判断哪种政策工具对雾霾治理最有效。任何一种雾霾治理政策工具都有其优势和局限性，不可能在任何环境下都发挥相同的作用，因此对于一项具体的雾霾污染问题，往往需要借助多元组合的政策工具箱。政策工具箱通过优势互补发挥治理政策的优化作用。雾霾污染治理政策的选择取决于环境质量问题的性质、管理机构对有关经济生产活动与环境质量之间关联关系信息的可得性以及关于由谁承担治理成本的社会决策。因此，在雾霾污染管理中，不能仅仅依靠一种政策工具，可以考虑建立多元组合的政策工具箱。需因地制宜地综合利用税收—补贴政策工具、命令—控制政策工具（主要是法规/标准）、教育与技术推广工具等，建立起有效的雾霾污染治理机制。另外，要根据地区差异，因地制宜地制定差

异化的雾霾治理政策。对于东部地区，要在现有较为完善的雾霾治理政策基础上，找准降低雾霾浓度的措施，建立长效机制，发挥其示范作用；中部地区要制定更为严格的措施，强调雾霾协同治理，防止雾霾污染外溢；西部地区要兼顾经济发展的需要，循序渐进地提高雾霾治理强度，引导绿色生产转型。

6.2.4　完善雾霾治理的法律法规体系

完善的法律法规是各国雾霾治理的重要依据，并应重视法律法规的及时完善和修正，通过颁布新的法规或修改原有的法律法规适应生态环境的新变化，及时弥补生态环境治理措施存在的缺陷。我国已建立了较为完备的资源与环境管理法律体系①，但是仍缺乏针对雾霾污染治理的专项法，很多雾霾治理的细节问题没有说明或无法解释。因此，应根据我国在雾霾污染治理方面立法缺位较多的现实，借鉴发达国家在雾霾污染治理立法方面的经验，制定较为完备的、可执行的雾霾污染治理的法律法规体系。根据社会经济条件以及自然条件的变化逐步完善和修正，并按照生态利益优先、共同发展、负担与收益相一致的原则，规范雾霾治理相关主体的责任与义务，建立严格的惩罚机制，约束各参与主体的非法行为。首先，应明确相应管理机构及其权力，并以法律的形式确立雾霾污染治理制度、环境规划制度、生态环境整治制度、雾霾污染排放指标跨区域交易制度、雾霾污染信息公开制度以及公众参与监督制度等的地位。其次，对省市级、县(市)级雾霾污染治理实施监督主体、主要内容、控制指标、考核办法等进行规范，将雾霾污染管理纳入地方经济社会发展计划。再次，完善雾霾污染治理中的行政法律责任制度、民事法律责任制度、刑事法律责任制度以及对雾霾污染排放的行为禁止清单和相应的处罚措施。最后，健全有关雾霾治理和地方政府间合作的法律法规使雾霾治理中地方政府间合作有法律的支持与保障。要针对地方政府间在雾霾治理合作平台、沟通协调机制、

---

① 在环境治理方面，先后颁布了《水污染防治法》《大气污染防治法》《固体废物污染环境防治法》《环境噪声污染防治法》和《海洋环境保护法》等法律法规。在资源管理方面，出台了包括《土地管理法》《野生动物保护法》《森林法》《草原法》《渔业法》《水法》《矿产资源法》和《水土保持法》等自然环境方面的单行性专项环境法律。

报账措施等方面进行详细的规定。

6.3　研究展望

本研究从多尺度视角分析城市雾霾污染时空特征，详细阐述雾霾污染影响下的城市技术效率的时空特征及影响因素，并从建设用地景观格局的视角探讨雾霾污染的驱动机制，能够对雾霾污染治理提供理论支撑。但相对于理论和实际需求，以下两方面有待加强：

（1）以往的研究更多地关注经济发展对雾霾污染的影响，基于长时间序列城市面板数据系统考察雾霾污染、环境治理与城市高质量发展之间关系的研究还比较少见。今后的研究应在理论层面探讨雾霾污染、环境治理与城市高质量发展作用机制和传导路径，据此构建基于工具变量的二阶段回归（IV-2SLS），基于长时间序列的中国地级城市面板数据，探讨雾霾污染对城市高质量发展的影响机制，并从环境治理总体水平、不同类型政策工具、协同治理三个层面分析政府环境治理对雾霾减排效果以及由此对城市高质量发展的影响，在此基础上利用加入中介效应的广义空间三阶段回归（GS3SLS）模型进行传导机制分析。

（2）雾霾污染协同治理路径。总结、借鉴国外雾霾污染治理的经验，评价国外雾霾污染治理的经济激励手段和政府管制措施的绩效。借鉴新制度经济学的思路，在制度需求与供给的框架下，对雾霾治理的制度进行均衡分析。并提出贯通不同尺度地域空间、不同政策类型以及不同行为主体的雾霾协同治理模式，构建三纵三横、多向联动的协同治理网络架构，并提出雾霾污染协同治理的公共政策体系。

参 考 文 献

英文文献

[1] Fotheringham A S, Martin C, Chris B. The geography of parameter space: An investigation of spatial non-stationarity[J]. International Journal of Geographical Information Science, 1996, 10(5): 605-627.

[2] Alameddine I, Abi Esber L, Bou Zeid E, et al. Operational and environmental determinants of in-vehicle CO and $PM_{2.5}$ exposure[J]. Science of the Total Environment, 2016(551/552): 42-50.

[3] Alberti M, Waddell P. An integrated urban development and ecological simulation model[J]. lntegrated Assessment, 2000, 1(3): 215-227.

[4] Anselin L. Local Indicators of Spatial Association—LISA[J]. Geographical Analysis, 1995, 27(2): 93-115.

[5] Barrett G W, Peles J D. Optimizing habitat fragmentation: An agrolandscape perspective[J]. Landscape and Urban Planning, 1994, 28(1): 99-105.

[6] Briggs D J, Hoogh K D, Morris C, et al. Effects of travel mode on exposures to particulate air pollution[J]. Environment International, 2008, 34(1): 1-22.

[7] Charnes A, Cooper W W, Rhodes E. Measuring the efficiency of decision-making units[J]. European Journal of Operational Research, 1978, 12(6): 429-444.

[8] Chen L, Gao J C, Ji Y Q, et al. Effects of particulate matter of various sizes derived from suburban farmland, woodland and grassland on air quality of the central district in Tianjin, China[J]. Aerosol and Air Quality Research, 2014, 14(3): 829-839.

［9］ Chuang Y H, Fste R, Grosskopf S. Productivity and undesirable outputs: A directional distance function approach［J］. Journal of Environment Management, 1997, 51(3): 229-240.

［10］ Crawford J, Chambers S, Cohen D D, et al. Impact of meteorology on fine aerosols at Lucas Heights, Australia［J］. Atmospheric Environment, 2016(145): 135-146.

［11］ Degaetano A T, Doherty O M. Temporal, spatial and meteorological variations in hourly $PM_{2.5}$ concentration extremes in New York City［J］. Atmospheric Environment, 2004, 38(11): 1547-1558.

［12］ Duning J B, Danielson B J, Pulliam H R. Ecology processes that affect population in complex landscapes［J］. Oikos, 1992(65): 232.

［13］ Dutilleul P, Legendre P. Spatial heterogeneity against heteroscedasticity: An ecological paradigm versus a statistical concept［J］. Oikos, 1993 (66): 152-171.

［14］ Forman R T T. Some general principles of landscape and regional ecology［J］. Landscape Ecology, 1995, 10(3): 133-142.

［15］ Forman R T, Godron M. Landscape ecology［M］. New York: Wiley & Sons, 1986.

［16］ Forman R T. Landscape mosaics: The ecology of landscape and regions［M］. Cambridge: Cambridge University Press, 1995.

［17］ Gottmann J. Megalopolis or the urbanization of the northeastern seaboard［J］. Economic Geography, 1957, 33(3): 189.

［18］ Gray S C, Edwards S E, Schultz B D, et al. Assessing the impact of race, social factors and air pollution on birth outcomes: A population-based study［J］. Environmental Health, 2014, 13(1): 1-8.

［19］ Greig S P. Quantitative plant ecology［M］. London: Blackwell, 1983.

［20］ Han L, Zhou W, Li W, et al. Impact of urbanization level on urban air quality: A case of fine particles $PM_{2.5}$ in Chinese cities［J］. Environmental Pollution, 2014(194): 163-170.

［21］ Hou F, Mao D, Chen Y, et al. Environmental study on causes and counter measures of urban air pollution in china: A case study of haze in Hefei city, Anhui province[J]. Ekoloji, 2019, 28(107): 1245-1249.

[22] Hutchinson G E. The concept of pattern in ecology[J]. Proceedings of the National Academy of Sciences (USA), 1953(105): 1-12.

[23] Kolasa J, Rollo C D. Introduction: The heterogeneity of heterogeneity. A glossary. In Kolasa J and Pickett S T A, eds. Ecological heterogeneity[M]. New York: Springer-Verlag, 1991: 1-23.

[24] Lee J Y. Long-term trends in visibility and its relationship with mortality, air-quality index, and meteorological factors in selected areas of Korea [J]. Aerosol & Air Quality Research, 2015, 15(2): 673-681.

[25] Levin S A. The problem of pattern and scale in ecology[J]. Ecology, 1992(73): 1943-1967.

[26] Li H, Reynolds J F. On definition and quantification of heterogeneity [J]. Oikos, 1995(73): 280-284.

[27] Liu J, Yan G, Wu Y, et al. Wetlands with greater degree of urbanization improve $PM_{2.5}$ removal efficiency[J]. Chemosphere, 2018(9): 601-611.

[28] Lubchenco J, Olson A M, Brubaker L B, et al. The sustainable biosphere initiative: An ecological research agenda [J]. Ecology, 1991, 72 (2): 371.

[29] Malek E, Davis T, Martin R S, et al. Meteorological and environmental aspects of one of the worst national air pollution episodes (January, 2004) in Logan, Cache Valley, Utah, USA [J]. Atmospheric Research, 2006, 79(2): 1-122.

[30] Marcazzan G M, Valli G, Vecchi R. Factors influencing mass concentration and chemical composition of fine aerosols during a PM high pollution episode[J]. Science of the Total Environment, 2002, 298(1-3): 65-79.

[31] Mardones C, Saavedra, Andrés. Comparison of economic instruments to reduce $PM_{2.5}$ from industrial and residential sources[J]. Energy Policy, 2016 (98): 443-452.

[32] Martins H. Urban compaction or dispersion? An air quality modelling

study[J]. Atmospheric Environment, 2012(54): 60-72.

[33] Mcgee T G. Desakota[J]. The International Encyclopedia of Geography, 2017, 15(6): 10-14.

[34] Naveh Z, Lieberman A S. Landscape ecology: Theory and application [M]. New York: Springer-Verlag, 1984.

[35] Pickett S T A, Cadenasso M L. Landscape ecology: Spatial heterogeneity in ecological systems[J]. Science, 1995(269): 331-334.

[36] Pope C A, Burnettrt, Thun M J, et al. Lung cancer, cardiopulmonary mortality, and long-term exposure to fine particulate air pollution[J]. Jama, 2002, 287(9): 1132-1141.

[37] Roy H Y, Mark C. Quantifying landscape structure: A review of landscape indices and their application to forested landscapes[J]. Progress in Physical Geography, 1996, 20(4): 418-445.

[38] Shen Y, Zhang L, Fang X, et al. Spatiotemporal patterns of recent $PM_{2.5}$ concentrations over typical urban agglomerations in China[J]. Science of the Total Environment, 2019(655): 13-26.

[39] Sparrow A D. A heterogeneity of heterogeneities [J]. Trends in Ecology & Evolution, 1999(14): 422-423.

[40] Sun Y, Zhao S Q, Qu W Y. Quantifying spatiotemporal patterns of urban expansionin three capital cities in Northeast China over the past three decades using satellite data sets[J]. Environmental Earth Sciences, 2015, 73 (11): 7221-7235.

[41] Tone K. A Slacks-based measure of efficiency in data envelopment analysis[J]. European Journal of Operational Research, 2001, 130 (3): 498-509.

[42] Tsai Y I, Kuo S C, Lee W J, et al. Long-term visibility trends in one highly urbanized, one highly industrialized, and two Rural areas of Taiwan [J]. Science of the Total Environment, 2007, 382(2-3): 324-341.

[43] Turner M G, Gardner R H. Quantitative methods in landscape ecology: An introduction. In: Turner M G and Gardner R H. eds. Quantitative

methods in landscape ecology: The analysis and interpretation of landscape heterogeneity[M]. New York: Springer-Verlag, 1991: 3-16.

[44] Turner M G. Landscape Ecology: The effect of pattern on process[J]. Annu. Rev. Ecol. Syst, 1989(20): 171-197.

[45] Turner M G. Landscape ecology: The effect of pattern on process[J]. Annual Reviewof Ecology Systematics, 1989(20): 171-197.

[46] Villeneuve P J, Burnett R T, Shi Y, et al. A time-series study of air pollution, socioeconomic status, and mortality in Vancouver, Canada[J]. Expo Anal Environ Epidemiol, 2003, 13(6): 427-435.

[47] Wu D, Bi X Y, Deng X J, et al. Effect of atmospheric haze on the deterioration of visibility over the pearl river delta[J]. Journal of Meteorology, 2007, 21(2): 215-223.

[48] Wu J and Loucks O. From balance of nature to hierarchical patch dynamics: A paradigm shift in ecology[J]. The Quarterly Review of Biology, 1995(70): 439-466.

[49] Wu J G. Landscape ecology[M]. Beijing: Higher Education Press, 2000.

[50] Wu W J, Zhao S Q, Zhu C, et al. A comparative study of urban expansion in Beijing, Tianjin and Shijiazhuang over the past three decades[J]. Landscape and Urban Planning, 2015(134): 93-106.

[51] Zhou W Q, Huang G L, Mary L C. Does spatial configuration matter? Understanding the effects of land cover pattern on land surface temperature in urban landscapes[J]. Landscape and Urban Planning, 2011, 102(1): 54-63.

中文文献

[1] 曹景林, 邰凌楠. 基于消费视角的我国中等收入群体人口分布及变动测度[J]. 广东财经大学学报, 2015, 30(6): 4-15.

[2] 车汶蔚, 郑君瑜, 钟流举. 珠江三角洲机动车污染物排放特征及分担率[J]. 环境科学研究, 2009, 22(4): 456-461.

[3] 陈昌笃. 景观生态学的理论发展和实际作用[C]//马世骏. 中国

生态学发展战略研究[M].北京：中国经济出版社，1990：232-250.

[4]陈利顶，孙然好，刘海莲.城市景观格局演变的生态环境效应研究进展[J].生态学报，2013，33(4)：1042-1050.

[5]陈诗一，陈登科.雾霾污染、政府治理与经济高质量发展[J].经济研究，2018，53(2)：20-34.

[6]陈文波，肖笃宁，李秀珍.景观指数分类、应用及构建研究[J].应用生态学报，2002(1)：121-125.

[7]陈璇.杭州湾 $PM_{2.5}$ 遥感估算及其与地表特征关系研究[D].上海：上海师范大学，2018.

[8]陈玉福，董鸣.生态学系统的空间异质性[J].生态学报，2003(2)：346-352.

[9]崔岩岩.城市土地利用变化对空气环境质量影响研究[D].济南：山东建筑大学，2013.

[10]狄乾斌.中国地级以上城市经济承载力的空间格局[A]//中国地理学会经济地理专业委员会.2015年中国地理学会经济地理专业委员会学术研讨会论文摘要集.中国地理学会，2015：1.

[11]丁俊菘，邓宇洋，马良.黄河流域雾霾污染时空特征及其影响因素[J].统计与决策，2022，38(6)：60-64.

[12]樊鹏飞，梁流涛，李炎埔，等.基于系统耦合视角的京津冀城镇化协调发展评价[J].资源科学，2016，38(12)：2361-2374.

[13]樊鹏飞，冯淑怡，苏敏，等.基于非期望产出的不同职能城市土地利用效率分异及驱动因素探究[J].资源科学，2018，40(5)：946-957.

[14]方创琳，毛其智，倪鹏飞.中国城市群科学选择与分级发展的争鸣及探索[J].地理学报，2015，70(4)：515-527.

[15]方创琳.中国新型城镇化高质量发展的规律性与重点方向[J].地理研究，2019，38(1)：13-22.

[16]方创琳.黄河流域城市群形成发育的空间组织格局与高质量发展[J].经济地理，2020，40(6)：1-8.

[17]高春亮，魏后凯.中国城镇化趋势预测研究[J].当代经济科学，2013，35(4)：85-90，127.

［18］顾朝林，吴莉娅. 中国城市化研究主要成果综述［J］. 城市问题，2008，43（12）：2-12.

［19］顾康康，祝玲玲. 合肥市主城区 $PM_{2.5}$ 时空分布特征研究［J］. 生态环境学报，2018，27（6）：1107-1112.

［20］郭爱君，胡安军. 中国城市雾霾的影响因素研究［J］. 统计与决策，2018，34（19）：105-108.

［21］郭晓飞. 南昌 $PM_{2.5}$ 时空分布规律与土地利用空间分布关系研究［D］. 南昌：东华理工大学，2018.

［22］韩兆洲，林仲源. 我国最低工资增长机制时空平稳性测度研究［J］. 统计研究，2017，34（6）：38-51.

［23］何好俊，彭冲. 城市产业结构与土地利用效率的时空演变及交互影响［J］. 地理研究，2017，36（7）：1271-1282.

［24］何立峰. 深入贯彻新发展理念推动中国经济迈向高质量发展［J］. 宏观经济管理，2018，412（4）：4-5，14.

［25］胡鞍钢，周绍杰. 绿色发展：功能界定、机制分析与发展战略［J］. 中国人口·资源与环境，2014，24（1）：14-20.

［26］胡伟，胡敏，唐倩，等. 珠江三角洲地区亚运期间颗粒物污染特征［J］. 环境科学学报，2013，33（7）：1815-1823.

［27］华敏. 长江中游城市群城市土地利用效率与经济发展水平时空耦合研究［D］. 武汉：武汉大学，2017.

［28］黄迪. 北京职住空间结构及其影响因素研究［D］. 武汉：武汉大学，2016.

［29］江佳，邹滨，陈璟雯. 中国大陆 1998 年以来 $PM_{2.5}$ 浓度时空分异规律［J］. 遥感信息，2017，32（1）：28-34.

［30］姜克隽，代春艳，贺晨旻，等. 2013 年后中国大气雾霾治理对经济发展的影响分析——以京津冀地区为案例［J］. 中国科学院院刊，2020，35（6）：732-741.

［31］匡兵，卢新海，周敏，等. 中国地级以上城市土地经济密度差异的时空演化分析［J］. 地理科学，2017，37（12）：1850-1858.

［32］蓝庆新，侯姗. 我国雾霾治理存在的问题及解决途径研究［J］.

青海社会科学，2015(1)：76-80.

[33]李崇明，胡俊杰.基于 DEA 的城市土地利用效率时空差异及影响因素分析——以吉林省 9 地市为例[J].长江流域资源与环境，2020，29(3)：678-686.

[34]李龚.基于 $PM_{2.5}$ 指标的中国环境库兹涅茨曲线估计[J].统计与决策，2016(23)：21-25.

[35]李建明，罗能生.1998—2015 年长江中游城市群雾霾污染时空演变及协同治理分析[J].经济地理，2020，40(1)：76-84.

[36]李娟，尉鹏，褚旸晰，等.中国中东部 $PM_{2.5}$ 时空分布变化及气象影响分析[J].环境科学与技术，2021，44(3)：53-62.

[37]李秋芳，丁学英，刘翠棉，等.乡镇尺度下 $PM_{2.5}$ 时空分布——以石家庄市为例[J].环境工程技术学报，2022，12(3)：683-692.

[38]李沈鑫，邹滨，刘兴权，等.2013—2015 年中国 $PM_{2.5}$ 污染状况时空变化[J].环境科学研究，2017，30(5)：678-687.

[39]李小飞，张明军，王圣杰，等.中国空气污染指数变化特征及影响因素分析[J].环境科学，2012，33(6)：1936-1943.

[40]李晓西，刘一萌，宋涛.人类绿色发展指数的测算[J].中国社会科学，2014(6)：68-95.

[41]李伊明，彭杏，皇甫延琦，等.呼包鄂地区沙尘期间大气污染特征研究[J/OL].环境科学研究：1-14[2020-02-27].https：//doi.org/10.13198/j.issn.1001-6929.2019.09.08.

[42]梁流涛，袁晨光，刘琳轲.中国地级市土地城镇化与人口城镇化协调发展的空间格局分析[J].河南大学学报(自然科学版)，2019，49(4)：391-401.

[43]梁流涛，翟彬，樊鹏飞.经济聚集与产业结构对城市土地利用效率的影响[J].地域研究与开发，2017，36(3)：113-117.

[44]梁流涛，雍雅君，袁晨光.城市土地绿色利用效率测度及其空间分异特征——基于 284 个地级以上城市的实证研究[J].中国土地科学，2019，33(6)：80-87.

[45]林艳，周景坤.美国雾霾防治技术创新政策经验借鉴及启示[J].

资源开发与市场，2018(4)：520-525.

[46] 林弋筌，王镝．中国"雾霾"治理的政策效果与机制分析[J]．系统工程，2021，39(4)：10-17.

[47] 刘芳盈，丁明玉，王菲菲．燃煤 $PM_{2.5}$ 不同组分对血管内皮细胞的毒性[J]．环境科学研究，2011，24(6)：684-690.

[48] 刘芳盈，王菲菲，丁明玉，等．燃煤细颗粒物对血管内皮细胞 EA.hy926 的细胞毒性[J]．中国环境科学，2012，2(1)：156-161.

[49] 刘满凤，谢晗进．基于空气质量指数 AQI 的污染集聚空间异质性分析[J]．经济地理，2016，36(8)：166-175.

[50] 刘晓红，江可申．我国城镇化、产业结构与雾霾动态关系研究——基于省际面板数据的实证检验[J]．生态经济，2016，36(6)：19-25.

[51] 刘晓红．中国城市雾霾污染的时空分异、动态演化与影响机制[J]．西南民族大学学报(人文社科版)，2019，40(2)：98-113.

[52] 刘岩磊，孙岚，张英鸽．粒径小于 2.5 微米可吸入颗粒物的危害[J]．国际药学研究杂志，2011，38(6)：428-431.

[53] 刘耀彬，冷青松．人口集聚对雾霾污染的空间溢出效应及门槛特征[J]．华中师范大学学报(自然科学版)，2020，54(2)：258-267.

[54] 刘宇，吕一河，傅伯杰．景观格局——土壤侵蚀研究中景观指数的意义解释及局限性[J]．生态学报，2011，31(1)：267-275.

[55] 刘元春．构建高质量发展的"现实落点"[J]．领导科学，2018，702(1)：20.

[56] 刘子豪，黄建武，孔德亚．武汉城市圈 $PM_{2.5}$ 的时空特征及其影响因素解析[J]．环境保护科学，2019，45(3)：51-59.

[57] 龙开胜，李敏．长三角城市土地稀缺与土地利用效率的交互影响[J]．中国土地科学，2018，32(9)：74-80.

[58] 娄彩荣，刘红玉，李玉玲，等．大气颗粒物 $PM_{2.5}$、PM_{10} 对地表景观结构的响应研究进展[J]．生态学报，2016，36(21)：6719-6729.

[59] 卢德彬．中国 $PM_{2.5}$ 的时空变化与土地利用关系的实证研究[D]．上海：华东师范大学，2018.

［60］卢敏，杨柳，王金茵，等．基于核密度估计的点群密度制图应用研究［J］．测绘工程，2017，26（4）：70-74，80.

［61］卢新海，陈丹玲，匡兵．区域一体化背景下城市土地利用效率指标体系设计及区域差异——以长江中游城市群为例［J］．中国人口·资源与环境，2018，28（7）：102-110.

［62］卢新海，杨喜，陈泽秀．中国城市土地绿色利用效率测度及其时空演变特征［J］．中国人口·资源与环境，2020，30（8）：83-91.

［63］卢一凡，王娇，于铖浩，等．青岛市雾、霾天时空变化特征及影响因素分析［J］．中国海洋大学学报（自然科学版），2021，51（7）：34-45.

［64］罗能生，彭郁，罗富政．土地市场化对城市土地综合利用效率的影响［J］．城市问题，2016，21（11）：21-28.

［65］罗毅，邓琼飞，杨昆，等．近20年来中国典型区域$PM_{2.5}$时空演变过程［J］．环境科学，2018，39（7）：3003-3013.

［66］毛敏，王利，张双成，等．上海夏季雾霾的影响因素研究［J］．大地测量与地球动力学，2018，38（7）：714-718.

［67］孟昭伟，雷佩玉，张同军，等．2015—2018年西安市两城区$PM_{2.5}$质量浓度变化特征及气象影响因素［J］．卫生研究，2020，49（1）：75-79，85.

［68］穆泉，张世秋．中国2001—2013年$PM_{2.5}$重污染的历史变化与健康影响的经济损失评估［J］．北京大学学报（自然科学版），2015，51（4）：694-706.

［69］宁越敏．关于城市体系系统特征的探讨［J］．城市问题，1985，14（3）：7-11.

［70］潘竟虎，尹君．中国地级及以上城市发展效率差异的DEA-ESDA测度［J］．经济地理，2012，32（12）：53-60.

［71］潘骁骏，侯伟，蒋锦刚．杭州城区土地利用类型对$PM_{2.5}$浓度影响分析［J］．测绘科学，2017，42（10）：110-117.

［72］邱扬，张金屯，郑凤英．景观生态学的核心：生态学系统的时空异质性［J］．生态学，2000（2）：42-49.

［73］邵帅，李欣，曹建华．中国的城市化推进与雾霾治理［J］．经济

研究，2019，54（2）：148-165.

[74] 邵天一，周志翔，王鹏程，等. 宜昌城区绿地景观格局与大气污染的关系[J]. 应用生态学报，2004（4）：691-696.

[75] 沈建国，沈佳坤，杨赐. 社会发展指数评价指标体系的构建研究[J]. 前沿，2015，5（379）：126-130.

[76] 盛晓菲，史书华. 交通基础设施、经济高质量发展与雾霾污染[J]. 经济问题，2021（1）：32-38.

[77] 石敏俊，李元杰，张晓玲，等. 基于环境承载力的京津冀雾霾治理政策效果评估[J]. 中国人口·资源与环境，2017，27（9）：66-75.

[78] 石庆玲，郭峰，陈诗一. 雾霾治理中的"政治性蓝天"——来自中国地方"两会"的证据[J]. 中国工业经济，2016（5）：40-56.

[79] 史海霞，翟坤周. 新时代生态文明视野下雾霾治理政策体系研究——基于政策文本分析[J]. 治理现代化研究，2019（6）：84-92.

[80] 宋彦，钟绍鹏，章征涛，等. 城市空间结构对 $PM_{2.5}$ 的影响——美国夏洛特汽车排放评估项目的借鉴和启示[J]. 城市规划，2014，38（5）：9-14.

[81] 苏维，赖新云，赖胜男，等. 南昌市城市空气 $PM_{2.5}$ 和 PM_{10} 时空变异特征及其与景观格局的关系[J]. 环境科学学报，2017，37（7）：2431-2439.

[82] 苏维. 南昌市 $PM_{2.5}$ 和 PM_{10} 的时空分布特征与城市森林阻控机制[D]. 南昌：江西农业大学，2017.

[83] 孙才志，姜坤，赵良仕. 中国水资源绿色效率测度及空间格局研究[J]. 自然资源学报，2017，32（12）：1999-2011.

[84] 孙建如，钟韵. 我国大城市 $PM_{2.5}$ 影响因素的经济分析——基于市级面板数据的实证研究[J]. 生态经济，2015，31（3）：62-65，77.

[85] 孙萌，吕吉元，张明升，等. $PM_{2.5}$ 不同成分在体染毒对大鼠肾血管环收缩—舒张反应 NOS/NO 的影响[J]. 中西医结合心脑血管病杂志，2011，9（5）：564-566.

[86] 孙亚男，费锦华. 基于机器学习的雾霾污染精准治理[J]. 资源科学，2021，43（5）：872-885.

［87］田秋生.高质量发展的理论内涵和实践要求［J］.山东大学学报（哲学社会科学版），2018（6）：1-8.

［88］田雅楠，张梦晗，许荡飞，等.基于"源—汇"理论的生态型市域景观生态安全格局构建［J］.生态学报，2019，39（7）：2311-2321.

［89］屠启宇，李健.特大城市高质量发展模式：功能疏解视野下的研究［M］.上海：上海社会科学院出版社，2018：263.

［90］庹雄，杨凌霄，张婉，等.海—陆大气交汇作用下青岛冬季大气 $PM_{2.5}$ 污染特征与来源解析［J］.环境科学，2022，43（5）：2284-2293.

［91］万伟华.土地利用变化对 $PM_{2.5}$ 浓度的影响及空间效应研究［D］.杭州：浙江大学，2019.

［92］王班班，廖晓洁，谭秀杰.城市化对雾霾暴露的贡献——基于对中国城市群的时空分解［J］.中国人口·资源与环境，2021，31（7）：63-74.

［93］王桂林，张炜.中国城市扩张及空间特征变化对 $PM_{2.5}$ 污染的影响［J］.环境科学，2019，40（8）：3447-3456.

［94］王桂林.快速城市化背景下中国 $PM_{2.5}$ 污染时空演变过程及其与城市扩张和城市特征变化的时空关系研究［D］.昆明：云南师范大学，2017.

［95］王红亮，胡伟平，吴驰.空间权重矩阵对空间自相关的影响分析——以湖南省城乡收入差距为例［J］.华南师范大学学报（自然科学版），2010（1）：110-115.

［96］王红梅，谢永乐.基于政策工具视角的美英日大气污染治理模式比较与启示［J］.中国行政管理，2019（10）：142-148.

［97］王理伶.我国主要城市 $PM_{2.5}$ 的社会经济影响因素实证研究［D］.福州：福建师范大学，2018.

［98］王琳，马艳.中国共产党百年经济发展质量思想的演进脉络与转换逻辑［J］.财经研究，2021，47（10）：4-18，34.

［99］王美霞.雾霾污染的时空分布特征及其驱动因素分析——基于中国省级面板数据的空间计量研究［J］.陕西师范大学学报（哲学社会科学版），2017，46（3）：37-47.

[100] 王秦，李慧凤，杨博．雾霾污染的经济分析与京津冀三方联动雾霾治理机制框架设计[J]．生态经济，2018，34(1)：159-163.

[101] 王少剑，高爽，陈静．基于 GWR 模型的中国城市雾霾污染影响因素的空间异质性研究[J]．地理研究，2020，39(3)：651-668.

[102] 王艳琴．GB 3095—2012《环境空气质量标准》将分期实施[J]．中国标准导报，2012(4)：4-5.

[103] 王洋，王少剑，秦静．中国城市土地城市化水平与进程的空间评价[J]．地理研究，2014，33(12)：2228-2238.

[104] 王仰麟，赵一斌，韩荡．景观生态系统的空间结构：概念、指标与案例[J]．地球科学进展，1999(3)：24-30.

[105] 王一楷，张明锋，陈志彪，等．厦门市冬季 $PM_{2.5}$ 污染情境识别及其与气象条件的关系[J/OL]．环境科学研究：1-14[2020-02-27]．https://doi.org/10.13198/j.issn.1001-6929.2020.02.05.

[106] 王泽宇，郭萌雨，孙才志，等．基于可变模糊识别模型的现代海洋产业发展水平评价[J]．资源科学，2015，37(3)：534-545.

[107] 王占山，李云婷，陈添，等．2013 年北京市 $PM_{2.5}$ 的时空分布[J]．地理学报，2015，70(1)：110-120.

[108] 王振波，方创琳，许光，等．2014 年中国城市 $PM_{2.5}$ 浓度的时空变化规律[J]．地理学报，2015，70(11)：1720-1734.

[109] 王振波，梁龙武，王旭静．中国城市群地区 $PM_{2.5}$ 时空演变格局及其影响因素[J]．地理学报，2019，74(12)：2614-2630.

[110] 韦晶，孙林，刘双双，等．大气颗粒物污染对土地覆盖变化的响应[J]．生态学报，2015，35(16)：5495-5506.

[111] 魏巍贤，马喜立．能源结构调整与雾霾治理的最优政策选择[J]．中国人口·资源与环境，2015，25(7)：6-14.

[112] 邬建国．景观生态学——概念与理论[J]．生态学杂志，2000(1)：42-52.

[113] 吴进，李琛，马志强，等．延庆地区山谷风对 $PM_{2.5}$ 浓度的影响[J]．中国环境科学，2022，42(1)：61-67.

[114] 吴贤良，刘雨婧，熊鹰，等．湖南省城市土地利用全要素生产

率时空演变及影响因素[J].经济地理，2017，37(9)：95-101.

[115]吴勋，白蕾.财政分权、地方政府行为与雾霾污染——基于73个城市 $PM_{2.5}$ 浓度的实证研究[J].经济问题，2019(3)：23-31.

[116]吴珣，杨婕，张红.不同空间权重定义下中国人口分布空间自相关特征分析[J].地理信息世界，2017，24(2)：32-38.

[117]吴妍，徐维祥.基于区域动态CGE模型的雾霾治理政策模拟分析——以京津冀地区为例[J].浙江树人大学学报(人文社会科学)，2020，20(4)：71-79.

[118]伍业纲，李哈滨.景观生态学的理论与应用[M].北京：中国环境科学出版社，1993.

[119]袭祝香，张硕，高晓荻.吉林省雾霾和雾霾事件的时空特征及评估方法[J].干旱气象，2015，33(2)：244-248.

[120]肖笃宁，李秀珍.景观生态学的学科前沿与发展战略[J].生态学报，2003(8)：1615-1621.

[121]肖笃宁.景观生态学：理论、方法及应用[M].北京：中国林业出版社，1991.

[122]肖金成.城镇化与区域协调发展[M].北京：经济科学出版社，2014：10-19.

[123]谢舞丹，吴健生.土地利用与景观格局对 $PM_{2.5}$ 浓度的影响——以深圳市为例[J].北京大学学报(自然科学版)，2017，53(1)：160-170.

[124]谢志萍.北京 $PM_{2.5}$ 时空分布规律及其与土地利用空间分布关系研究[D].昆明：云南师范大学，2017.

[125]谢志祥，秦耀辰，张荣荣，等.河南省经济发展对 $PM_{2.5}$ 污染的门槛效应分析[J].环境科学与技术，2019，42(5)：222-229.

[126]徐玉琴，张扬，戴志辉.基于非参数核密度估计和Copula函数的配电网供电可靠性预测[J].华北电力大学学报(自然科学版)，2017，44(6)：14-19.

[127]许慧，王家骥.景观生态学的理论与应用[M].北京：中国环境科学出版社，1993.

[128]许珊，邹滨，蒲强，等.土地利用/覆盖的空气污染效应分析

[J]. 地球信息科学学报，2015，17(3)：290-299.

[129] 闫华荣，王慧娟，段妍. 国外空气治理立法对京津冀治理的经验借鉴[J]. 邢台学院学报，2018：106-108.

[130] 严雅雪，李琼琼，李小平. 中国城市雾霾库兹涅茨曲线的区域异质性研究[J]. 统计与决策，2021，37(2)：60-64.

[131] 杨浩. 湖北省城市土地绿色利用效率评价研究[J]. 地理空间信息，2020，18(9)：23-27.

[132] 杨伟，姜晓丽. 华北地区大气细颗粒物 $PM_{2.5}$ 年际变化及其对土地利用/覆被变化的响应[J]. 环境科学，2020(7)：1-13.

[133] 杨兴川，赵文吉，熊秋林，等. 2016 年京津冀地区 $PM_{2.5}$ 时空分布特征及其与气象因素的关系[J]. 生态环境学报，2017，26(10)：1747-1754.

[134] 杨勇，郎永建. 开放条件下内陆地区城镇化对土地利用效率的影响及区位差异[J]. 中国土地科学，2011，30(10)：19-26.

[135] 姚青，蔡子颖，刘敬乐，等. 气象条件对 2009—2018 年天津地区 $PM_{2.5}$ 质量浓度的影响[J]. 环境科学学报，2020，40(1)：65-75.

[136] 姚士谋，陈振光，朱英明. 中国城市群[M]. 北京：中国科学技术大学出版社，2006：17-22.

[137] 叶明确. 1978—2008 年中国经济重心迁移的特征与影响因素[J]. 经济地理，2012，32(4)：12-18.

[138] 于静，尚二萍. 城市快速发展下主要用地类型的 $PM_{2.5}$ 浓度空间对应——以沈阳为例[J]. 城市发展研究，2013，20(9)：128-130，144.

[139] 袁凯华，梅昀，陈银蓉，等. 中国建设用地集约利用与碳排放效率的时空演变与影响机制[J]. 资源科学，2017，39(10)：1882-1895.

[140] 张朝能，王梦华，胡振丹，等. 昆明市 $PM_{2.5}$ 浓度时空变化特征及其与气象条件的关系[J]. 云南大学学报(自然科学版)，2016，38(1)：90-98.

[141] 张健. 泛珠区域产业转移的结构效应与环境效应分析[D]. 广州：广东外语外贸大学，2009.

[142] 张苗，甘臣林，陈银蓉. 基于 SBM 模型的土地集约利用碳排放

效率分析与低碳优化[J]. 中国土地科学, 2016, 30(3): 37-45.

[143] 张莹, 赵燕. 珠三角区域 PM$_{2.5}$浓度特征及时空变化规律[J]. 科技与创新, 2017(13): 138-139.

[144] 张卓, 王维和, 王后茂, 等. 相对湿度对吸收性气溶胶指数的影响[J]. 遥感学报, 2019, 23(6): 1177-1185.

[145] 张琴, 姜华. 低碳导向下的城市空间设计[J]. 城乡建设, 2017(4): 28-31.

[146] 赵爱栋, 马贤磊, 曲福田. 市场化改革能提高中国工业用地利用效率吗?[J]. 中国人口·资源与环境, 2016, 26(3): 118-126.

[147] 赵安周, 相恺政, 刘宪锋, 等. 2000—2018 年京津冀城市群 PM$_{2.5}$时空演变及其与城市扩张的关联[J]. 环境科学, 2022, 43(5): 2274-2283.

[148] 赵玲玲. 珠三角产业转型升级问题研究[J]. 学术研究, 2011(8): 71-75.

[149] 周春山, 王宇渠, 徐期莹, 等. 珠三角城镇化新进程[J]. 地理研究, 2019, 38(1): 45-63.

[150] 周侗, 张帅倩, 闫金伟, 等. 长江经济带三大城市群 PM$_{2.5}$时空分布特征及影响因素研究[J]. 长江流域资源与环境, 2022, 31(4): 878-889.

[151] 周侃, 樊杰. 中国环境污染源的区域差异及其社会经济影响因素——基于 339 个地级行政单元截面数据的实证分析[J]. 地理学报, 2016, 71(11): 1911-1925.

[152] 周磊, 武建军, 贾瑞静, 等. 京津冀 PM$_{2.5}$时空分布特征及其污染风险因素[J]. 环境科学研究, 2016, 29(4): 483-493.

[153] 周亮, 周成虎, 杨帆, 等. 2000—2011 年中国 PM$_{2.5}$时空演化特征及驱动因素解析[J]. 地理学报, 2017, 72(11): 2079-2092.

[154] 周伟东, 梁萍. 风的气候变化对上海地区秋季空气质量的可能影响[J]. 资源科学, 2013, 35(5): 1044-1050.